U0242196

"十二五"职业教育国家规划教材
经全国职业教育教材审定委员会审定
国家级精品资源共享课程配套实验教材

生物化学实验技术

（第二版）

何金环　连艳鲜　主编

中国轻工业出版社

图书在版编目（CIP）数据

生物化学实验技术/何金环，连艳鲜主编. —2 版. —北京：中国
轻工业出版社，2020.1

"十二五" 职业教育国家规划教材

ISBN 978 - 7 - 5019 - 9862 - 3

Ⅰ.①生… Ⅱ.①何…②连… Ⅲ.①生物化学—实验—职业教
育—教材 Ⅳ.①Q5 - 33

中国版本图书馆 CIP 数据核字（2014）第 171840 号

责任编辑：张 靓 责任终审：唐是雯 封面设计：锋尚设计
版式设计：王超男 责任校对：燕 杰 责任监印：张 可

出版发行：中国轻工业出版社（北京东长安街 6 号，邮编：100740）
印 刷：北京君升印刷有限公司
经 销：各地新华书店
版 次：2020 年 1 月第 2 版第 5 次印刷
开 本：787 × 1092 1/16 印张：12.25
字 数：240 千字
书 号：ISBN 978 - 7 - 5019 - 9862 - 3 定价：26.00 元
邮购电话：010 - 65241695
发行电话：010 - 85119835 传真：85113293
网 址：http://www.chlip.com.cn
Email：club@ chlip.com.cn
如发现图书残缺请与我社邮购联系调换
KG1406-131223

本书编写人员

主　　编：何金环　连艳鲜

副 主 编：李祥　索江华　李华玮

参编人员：何金环　连艳鲜　李凤玲　李　祥　索江华

　　　　　李华玮　潘春梅　梁月丽　张　华

主　　审：王永芬

前言

PREFACE

生物化学是生命科学领域中最活跃的分支学科之一，生化技术是发展生命科学各分支学科和生物工程技术的重要基础。工业、农业、医药、卫生和环境科学的很多研究领域也以生物化学理论为依据，以其实验技术为手段。

河南牧业经济学院课程组承担的《生物化学》课程于 2013 年成功转型升级为国家级精品资源共享课程（课程网址：http://www.icourses.cn/coursestatic/course_2289.html），网站资源主要由 11 个课程基本教学模块和 1 个课程专题讲座模块组成，包含演示文稿、教学录像、教学内容、作业习题等；拓展资源包括教学案例、动画、图片素材、互动平台、生物化学中常见英文词汇详解、试题库等栏目。为进一步提高教学质量，提升精品资源共享课程建设，适应当前社会对专业人才的需求，特组织修订了该课程的配套实验教材《生物化学实验技术》。

本教材分为两部分：生物化学实验技术基本原理和生物化学实验。第一部分对基本生物化学实验技术理论进行了较翔实的介绍，以期使用者能够掌握生物化学实验的背景和原理，在做实验的同时使自己的专业理论水平真正得到提高。第二部分广泛选取了生物化学实验中较为成熟的糖类、脂类、氨基酸和蛋白质类、核酸类、酶类、维生素类和代谢类实验，特别注意实验内容的全面性，共计 50 多个实验项目，包括基础性实验、综合性实验和设计性实验。附录部分选择常用的实验数据。

本教材可作为高等院校生物、食品、化工、环境、动物等专业教材，也可供相关专业的学生、教师和科技工作者参考。

本教材主要由河南牧业经济学院生物化学课程组教师编写。本书的编写分工为：何金环编写前言、附录、第一、五、十章部分内容；连艳鲜编写第二、七、九章、第十一章部分内容；李祥编写第三、八、十章部分内容；索江华编写第四、六、十一章部分内容；李华玮编写第二、六、十二章部分内容；李凤玲编写第八、十章部分内容；潘春梅编写第六、十章部分内容；张华编写第五、七章部分内容；梁月丽编写附录部分。在本教材编写过程中河南牧业经济学院王永芬教授对全书进行了认真的校读，同时也得到了河南中医学院、河南农业大学等院校同仁的帮助，得到了各级相关领导的大力支持，在此特向他们表示衷心的感谢。

由于时间仓促，书中难免有疏漏和不当之处，希望在使用过程中能得到批评和建议的反馈信息，以便修订完善。

编者

目 录

CONTENTS

第一部分　生物化学实验的基本原理和技术

第二部分　生物化学实验

第一部分
生物化学实验的基本原理和技术

近代生物化学研究的发展已从细胞水平、亚细胞水平，深入到生物大分子水平，甚至能研究分子内的结构与功能关系，能进行分子的改造和重建以改变生物性状。生物化学研究的任一突破性进展，无不与新的实验技术方法的创建密切关联。

重要的现代生物化学实验技术，按其目的和性质大致可分为三大类：一是按不同的物理化学性质进行分析鉴定和分离制备；二是经一系列不同的化学和物理方法处理，以求得差异分辨，或按指令合成不同的高分子物质。如氨基酸序列分析和序列合成、核苷酸序列分析和序列合成等；三是有目的地对 DNA 进行剪切拼接，然后引入细胞中的 DNA 重组技术（或分子克隆技术）和单克隆抗体技术等。

本部分主要介绍现代生物化学实验技术，如大分子物质的制备技术、离心技术、分光光度技术、层析技术、电泳技术等实验技术理论，以期使用者能够掌握生化实验的背景和原理，在做实验的同时使自己的专业理论水平真正得到提高，掌握经典的生物化学分析技术的原理及现代生物化学分析技术发展的最新动态。

当然，随着科学技术的发展，一些高效自动化、灵敏精确度高、重复性好、特异性强的高性能仪器使得生物化学实验技术日臻完善。必须强调的是，技术方法是十分重要的实验手段，但实验设计是实现实验目的的重要因素，只有巧妙地利用不同的生物化学实验技术，方能达到预期的研究目的。

第一章　生物大分子制备技术

生物大分子主要指蛋白质（包括酶）和核酸。以蛋白质和核酸的结构与功能为基础，从分子水平上认识生命现象，已经成为现代生物学发展的主要方向，研究生物大分子，常常需要一些高度纯化并具有生物学活性的目的物质。

生物大分子的制备通常可按以下步骤进行：①确定要制备的生物大分子的目的和要求，是进行科研、开发还是要发现新的物质。②建立相应的可靠的分析测定方法，这是制备生物大分子的关键，因为它是整个分离纯化过程的"眼睛"。③通过文献调研和预备性实验，掌握生物大分子目的产物的物理化学性质。④生物材料的破碎和预处理。⑤分离纯化方案的选择和探索，这是最困难的过程。⑥生物大分子制备物的均一性（即纯度）的鉴定，要求达到一维电泳一条带，二维电泳一个点，或 HPLC 和毛细管电泳都是一个峰。⑦产物的浓缩，干燥和保存。

第一节　材料的选择和预处理

一、生物材料的选择

制备生物大分子，首先要选择适当的生物材料。材料的来源无非是动物、植物和微生物及其代谢产物。从工农业生产角度选择材料，应选择含量高、来源丰富、制备工艺简单、成本低的原料，但往往这几方面的要求不能同时具备，含量丰富但来源困难，或含量来源较理想，但材料的分离纯化方法烦琐，流程很长，反倒不如含量低些但易于获得纯品的材料，由此可见，必须根据具体情况，抓住主要矛盾决定取舍。从科研工作的角度选材，则只需考虑材料的选择符合实验预定的目标要求即可。除此之外，选材还应注意植物的季节性、地理位置和生长环境等。选动物材料时要注意其年龄、性别、营养状况、遗传素质和生理状态等。动物在饥饿时，脂类和糖类含量相对减少，有利于生物大分子的提取分离。选微生物材料时要注意菌种的代数和培养基成分等之间的差异，例如在微生物的对数期，酶和核酸的含量较高，可获得较高的产量。

二、材料的预处理

材料选定后要尽可能保持新鲜，尽快加工处理，动物组织要先除去结缔组织、脂肪等非活性部分，绞碎后在适当的溶剂中提取，如果所要求的成分在细胞内，则要先破碎细胞。植物要先去壳、除脂。微生物材料要及时将菌体与发酵液分开。生物材料如暂不提取，应冰冻保存。动物材料则需深度冷冻保存。

第二节 细胞的破碎及细胞器的分离

一、细胞的破碎

细胞是生物体结构和功能的基本单位。就真核生物而言，细胞除有细胞膜、细胞质和细胞核外，还有线粒体、质体等细胞器。通常人们所需的物质有些分泌于细胞外，用适当的溶剂可直接提取；有些则存在于细胞内，提取时必须使细胞破碎，使生物大分子充分释放到溶液中。不同生物体，或同一生物体不同的组织，其细胞破碎难易不一，使用方法也不完全相同。如动物胰脏、肝脏、脑组织一般比较柔软，用普通匀浆器研磨即可；肌肉及心脏组织较韧，需预先绞碎再匀浆。植物肉质组织可用一般研磨方法，含纤维较多的组织则必须在高速捣碎器内破碎或加砂研磨。许多微生物均具有坚韧的细胞壁，常用自溶、冷热交替、加砂研磨、超声波和加压处理等方法破碎细胞。

1. 机械法

机械法是主要通过机械切力的作用使组织细胞破碎的方法，常用的器械有：

（1）高速组织捣碎机　适宜于动物内脏组织、植物肉质种子、叶和芽等材料的破碎。

（2）玻璃匀浆器　由一内壁经过磨砂的玻璃管和一根一端为球状（表面经过磨砂）的杆组成。操作时，先把绞碎的组织置于管内，再套入研杆用手工来回研磨，或把杆装在电动搅拌器上，用手握住玻璃管上下移动，即可将组织细胞研碎。匀浆器的内杆球体与管壁之间一般只有十分之几毫米，细胞破碎程度比高速组织捣碎机高，机械切力对生物大分子破坏较少。适用于量少的动物脏器组织。

（3）研钵　常用研钵研磨。细菌及植物材料应用较多，加入少量的玻璃砂效果较好。

2. 物理法

（1）反复冻融法　把待破碎样品放至 $-20℃$ 以下冰冻，室温融解，反复几次大部分动物性的细胞及细胞内的颗粒可被破碎。

（2）冷热交替法　在细菌或病毒中提取蛋白质和核酸时可使用此法。操作时，将材料投入沸水中，维持数分钟，立即置于冰浴中使之迅速冷却，绝大部分细胞被破坏。

（3）超声波处理法　此法多用于微生物材料，处理效果与样品浓度和使用频率有关。用大肠杆菌制备各种酶，常选用质量浓度为 $50 \sim 100 mg/mL$ 的浓度，在 $10 \sim 100 kHz$ 频率下处理 $10 \sim 15 min$。应用超声波处理时应注意避免溶液中气泡的存在，对超声波敏感的核酸及酶慎用。

（4）加压破碎法　加气压或水压使每平方英寸达 $3 \sim 5 MPa$ 压力时，可使 90% 以上细胞被压碎，此法多用于工业上微生物酶制剂的制备。

3. 化学及生物化学法

（1）自溶法　将待破碎新鲜生物材料存放在一定的 pH 和适当温度下，利用组织细胞中自身的酶系将细胞破坏，使细胞内含物释放出来。自溶的温度，动物材料常选在

0~4℃，微生物材料则多在室温下进行。自溶时，需加少量防腐剂如甲苯、氯仿等以防止外界细菌的污染。因自溶的时间较长，不易控制，所以制备具有活性的核酸或蛋白质比较少用。

（2）溶菌酶处理　溶菌酶具有专一地破坏细菌细胞壁的功能，适用于多种微生物，另外，蜗牛酶、纤维素酶也常被选为破坏细菌及植物细胞之用。

（3）表面活性剂处理法　较常用的有十二烷基硫酸钠（SDS）、氯化十二烷基吡啶、去氧胆酸钠等。

无论用那一种方法破碎组织细胞时，都在一定的稀盐溶液或缓冲溶液中进行，一般还需加入某些保护剂，以防止生物大分子的变性及降解。

二、细胞器的分离

各类生物大分子在细胞内的分布是不同的，DNA 几乎全部在细胞核内，RNA 则主要在胞浆中，各种酶在细胞内的分布也有特定的位置。因此应根据某一目的物质的位置来选取材料。

细胞器的分离一般采用差速离心法，这是利用细胞各组分质量大小不同，沉降于离心管内不同区域，分离后即得到所需组分。细胞器分离中常用的介质有蔗糖、Ficoll（一种蔗糖多聚体）或葡萄糖、聚乙二醇等溶液。

第三节　生物大分子的提取和分离纯化

一、蛋白质和酶的提取及分离纯化

制备生物大分子的分离纯化方法多种多样，主要是利用它们之间特异性的差异，如分子的大小、形状、酸碱性、溶解性、溶解度、极性、电荷和与其他分子的亲和性等。各种方法的基本原理基本上可以归纳为两个方面：一是利用混合物中几个组分分配系数的差异，把它们分配到两个或几个相中，如盐析、有机溶剂沉淀、层析和结晶等；二是将混合物置于某一物相（大多数是液相）中，通过物理力场的作用，使各组分分配于不同的区域，从而达到分离的目的，如电泳、离心、超滤等。目前纯化蛋白质等生物大分子的关键技术是电泳、层析和高速与超速离心。

影响提取的因素主要有：目的产物在提取的溶剂中溶解度的大小；由固相扩散到液相的难易；溶剂的 pH 和提取时间等。一种物质在某一溶剂中溶解度的大小与该物质的分子结构及使用的溶剂的理化性质有关。一般地说，极性物质易溶于极性溶剂，非极性物质易溶于非极性溶剂；碱性物质易溶于酸性溶剂，酸性物质易溶于碱性溶剂；温度升高，溶解度加大；远离等电点的 pH，溶解度增加。提取时所选择的条件应有利于目的产物溶解度的增加和保持其生物活性。

1. 水溶液提取

蛋白质和酶的提取一般以水溶液为主。稀盐溶液和缓冲系统的水溶液对蛋白质的稳定性好，溶解度大，是提取蛋白质和酶最常用的溶剂。用水溶液提取生物大分子应注意的几个主要影响因素：

（1）盐浓度（即离子强度） 离子强度对生物大分子的溶解度有极大的影响，有些物质，如 DNA－蛋白复合物，在高离子强度下溶解度增加，而另一些物质，如 RNA－蛋白复合物，在低离子强度下溶解度增加，在高离子强度下溶解度减小。绝大多数蛋白质和酶，在低离子强度的溶液中都有较大的溶解度，如在纯水中加入少量中性盐，蛋白质的溶解度比在纯水时大大增加，称为"盐溶"现象。但中性盐的浓度增加至一定时，蛋白质的溶解度又逐渐下降，直至沉淀析出，称为"盐析"现象。盐溶现象的产生主要是少量离子的活动，减少了偶极分子之间极性基团的静电吸引力，增加了溶质和溶剂分子间相互作用力的结果。所以低盐溶液常用于大多数生化物质的提取。通常使用 0.02 ~ 0.05 mol/L 缓冲液或 0.09 ~ 0.15 mol/L NaCl 溶液提取蛋白质和酶。不同的蛋白质极性大小不同，为了提高提取效率，有时需要降低或提高溶剂的极性。向水溶液中加入蔗糖或甘油可使其极性降低，增加离子强度［如加入 KCl、NaCl、NH_4Cl 或（NH_4）$_2SO_4$］可以增加溶液的极性。

（2）pH 蛋白质、酶与核酸的溶解度和稳定性与 pH 有关。过酸、过碱均应尽量避免，提取溶剂的 pH 应在蛋白质和酶的稳定范围内，通常选择偏离等电点的两侧。碱性蛋白质选在偏酸一侧，酸性蛋白质选在偏碱的一侧，以增加蛋白质的溶解度，提高提取效果。例如胰蛋白酶为碱性蛋白质，常用稀酸提取，而肌肉甘油醛－3－磷酸脱氢酶属酸性蛋白质，则常用稀碱来提取。

（3）温度 为防止变性和降解，制备具有活性的蛋白质和酶，提取时一般在 0 ~ 5℃ 的低温操作。但少数对温度耐受力强的蛋白质和酶，可提高温度使杂蛋白变性，有利于提取和下一步的纯化。

（4）防止蛋白酶或核酸酶的降解作用 在提取蛋白质、酶和核酸时，常常受自身存在的蛋白酶或核酸酶的降解作用而导致实验的失败。为防止这一现象的发生，常常采用加入抑制剂或调节提取液的 pH、离子强度或极性等方法使这些水解酶失去活性，防止它们对欲提纯的蛋白质、酶及核酸的降解作用。例如在提取 DNA 时加入 EDTA 络合 DNAase 活化所必须的 Mg^{2+}。

（5）搅拌与氧化 搅拌能促使被提取物的溶解，一般采用温和搅拌为宜，速度太快容易产生大量泡沫，增大了与空气的接触面，会引起酶等物质的变性失活。因为一般蛋白质都含有相当数量的巯基，有些巯基常常是活性部位的必需基团，若提取液中有氧化剂或与空气中的氧气接触过多都会使巯基氧化为分子内或分子间的二硫键，导致酶活性的丧失。在提取液中加入少量巯基乙醇或半胱氨酸以防止巯基氧化。

2. 有机溶剂提取

一些和脂类结合比较牢固或分子中非极性侧链较多的蛋白质和酶难溶于水、稀盐、稀酸、或稀碱中，常用不同比例的有机溶剂提取。常用的有机溶剂有乙醇、丙酮、异丙醇、正丁酮等，这些溶剂可以与水互溶或部分互溶，同时具有亲水性和亲脂性，因此常用来提取与脂结合较牢或含非极性侧链较多的蛋白质、酶和脂类。例如植物种子中的玉蜀黍蛋白、麸蛋白，常用 70% ~ 80% 的乙醇提取，动物组织中一些线粒体及微粒上的酶常用丁醇提取。

有些蛋白质和酶既溶于稀酸、稀碱，又能溶于含有一定比例的有机溶剂的水溶液中，在这种情况下，采用稀的有机溶液提取常常可以防止水解酶的破坏，并兼有除去杂质提高纯化效果的作用。例如，胰岛素可溶于稀酸、稀碱和稀醇溶液中，但在组织中与其共存的糜蛋白酶对胰岛素有极高的水解活性，因而采用 6.8% 乙醇溶液并用草酸调溶液的 pH 为 2.5～3.0，进行提取，这样就从下面三个方面抑制了糜蛋白酶的水解活性：①6.8% 的乙醇可以使糜蛋白酶暂时失活；②草酸可以除去激活糜蛋白酶的 Ca^{2+}；③pH 2.5～3.0，是糜蛋白酶不宜作用的 pH。以上条件对胰岛素的溶解和稳定性都没有影响，却可除去一部分在稀醇与稀酸中不溶解的杂蛋白。

二、核酸的提取和分离纯化

1. 核酸的提取

核酸都溶于水，而不溶于有机溶剂，利用此性质进行提取。在细胞内 DNA 与蛋白质结合成脱氧核糖核蛋白（DNP），RNA 与蛋白质结合成核糖核蛋白（RNP），在不同浓度的盐溶液中它们的溶解度差别很大，DNP 在纯水或 1mol/L NaCl 溶液中溶解度较大，但在 0.14mol/L NaCl 溶液中溶解度很低，相反，RNP 易溶解。因此，用 0.14mol/L NaCl 溶液可简单地初步分开 DNP 和 RNP。

在分离核酸中最困难的是将核酸与紧密结合的蛋白质分开，而且还要避免核酸的降解。常用的解离剂是阴离子去垢剂，如脱氧胆酸钠、十二烷基硫酸钠（SDS）、4-氨基水杨酸钠和萘-1，5-二磺酸钠等，它们具有溶解病毒、细菌的作用，可使核酸从蛋白质上游离出来，还具有抑制核糖核酸酶的作用。另外除去核酸中的蛋白质的一个有效办法是用酚-氯仿混合液，它们可使蛋白质变性，并对核糖核酸酶有抑制作用，另外氯仿相对密度大可使有机相和水相完全分开，减少残留在水相中的酚。在用酚-氯仿抽提核酸提取液时，还需要剧烈振摇，为防止起泡和促使水相与有机相的分离，在酚-氯仿抽提液中再加上一定量的异戊醇。

2. 核酸的纯化

核酸的纯化最关键步骤是去除蛋白质，通常只要用酚-氯仿、氯仿抽提核酸的水溶液即可。每当需要把 DNA 克隆操作的某一步所用的酶灭活或去除以便进行下一步时，可进行这种抽提。然而，如果从细胞裂解液等复杂的分子混合物中纯化核酸，则要先用某些蛋白水解酶消化大部分蛋白质后，再用有机溶剂抽提。这些广谱的蛋白酶包括链霉蛋白酶及蛋白酶 K 等，它们对多数天然蛋白质均有活性。

用酚-氯仿抽提：这两种有机溶剂合用，比单独用酚抽提除蛋白效果更佳。继而用氯仿抽提则可除去核酸制品中的痕量酚。具体步骤如下：①核酸样品置有盖小离心管中，加入等体积的酚-氯仿；②旋涡混匀管内容物，使呈乳状；③12000g 室温离心 15s；④水相移入另一离心管，弃去两相界面和有机相；⑤重复步骤①～④，直至两相界面上无蛋白质为止；⑥加入等体积的氯仿并重复②～④步操作；⑦按下述核酸浓缩法沉淀回收核酸。

3. 核酸的浓缩

应用最广的核酸浓缩法是乙醇沉淀法。在中等浓度单价阳离子存在下，加入一定量的乙醇后，所形成的核酸沉淀可经离心而回收。回收的核酸可按所需浓度，再溶于适当的缓冲液中。具体操作时，可向含样品的小离心管中加入单价阳离子盐贮存液。单价阳离子盐的选择，主要基于下述考虑：用醋酸铵可减少 dNTP 的共沉淀，但如以后要作核酸的磷酸化时应避免用醋酸铵，因铵离子是多核苷酸激酶的强烈抑制剂。当用较高浓度的乙醇沉淀 RNA 时，常用 LiCl，因 LiCl 在乙醇中溶解度很高，不随核酸共沉淀。含有 SDS 的核酸样品，应使用 NaCl，这时该去垢剂在 70% 乙醇中仍保持可溶。DNA 和 RNA 的沉淀，大多使用醋酸钠（pH5.2）。

4. DNA、RNA 的定量

准确的方法是紫外分光光度法。但此法要求核酸样品纯净，其中不应含有蛋白质、酚、琼脂糖或其它核酸、核苷酸等污染物。

用紫外分光光度计测定 260nm 和 280nm 两处的吸光度值。然后按 $1A_{260}$ 相当于 $50\mu g/mL$ 双链 DNA；$40\mu g/mL$ 单链 DNA 或 RNA；$20\mu g/mL$ 单链寡核苷酸计算样品核酸含量。A_{260}/A_{280} 反映样品核酸的纯度。DNA 纯品其比值为 1.8，RNA 纯品比值为 2.0。样品中含有蛋白质或酚污染，其比值低于此数。

第四节　样品的浓缩、保存及纯度鉴定

一、样品的浓缩

一般抽提液的体积都比较大，应先进行浓缩处理。常用的浓缩方法有下面几种。

1. 沉淀法

在抽提液中加入适量的中性盐或有机溶剂，使有效成分变为沉淀。经离心或过滤收集的沉淀物，加少量缓冲液溶解后，再经离心除去不溶物，获得的上清液通过透析或凝胶过滤脱盐，即可供纯化使用。

2. 吸附法

通过吸收剂直接吸收除去溶液分子使之浓缩。所用的吸收剂必须与溶液不起化学反应，对生物大分子不吸附，易与溶液分开。常用的吸收剂有聚乙二醇、聚乙烯吡咯酮、蔗糖和凝胶等。使用聚乙二醇吸收剂时，先将生物大分子溶液装入半透膜的袋里，外加聚乙二醇覆盖置于 4℃下，袋内溶剂渗出即被聚乙二醇迅速吸去，聚乙二醇被水饱和后可更换新的，直至达到所需要的体积。

3. 超过滤法

把抽提液装入超过滤装置，在空气或氮气压力下，使小分子物质（包括水分）通过半透膜（如硝酸纤维素膜），大分子物质留在膜内。

4. 透析浓缩法

把装抽提液的透析袋埋在吸水力强的聚乙二醇（PEG）或甘油中，10mL 抽提液可在 1h 内浓缩到几乎无水的程度。这种方法的浓缩速度与透析袋的表面积以及 PEG 的数量有密切关系。

5. 减压蒸馏浓缩法

将抽提液装入减压蒸馏器的圆底烧瓶中，在减压真空状态下进行蒸馏。当真空度较高时，溶液的沸点可控制在30℃以下。这种方法一般适用于常温下稳定性好的物质。

6. 冰冻干燥法

冰冻的抽提液在真空状态下，可以由固体直接变为气体。用此原理进行浓缩，有效成分几乎不会破坏。冻干机主要由低温干燥箱、真空泵和冷冻机构成。在冻干小体积样品时，可以将其置玻璃真空干燥器中进行。具体作法是，把分装至小瓶中的样品冰冻后放入装有五氧化二磷或硅胶吸水剂的真空干燥器中，连续抽真空使其达到浓缩、干燥状态。

二、干燥

干燥是将潮湿的固体、半固体或浓缩液中的水分（或溶剂）蒸发除去的过程。生物大分子的制备得到所需的产品后，为了防止变质，易于保存和运输，常需要干燥处理，最常用的方法是冷冻干燥和真空干燥，某些无活性的核酸、微生物酶制剂和酪蛋白等工业产品则较多地应用喷雾干燥、气流干燥等直接干燥法。

1. 真空干燥

在相同温度下，被干燥物质所含水分或溶剂由于周围空气压力的减少而蒸发速度增加。真空度愈高，溶液沸点愈低，蒸发愈快，其原理与真空浓缩（或称减压浓缩）相同。真空干燥适用于不耐高温、易氧化物质的干燥和保存，整个装置包括干燥器、冷凝器及真空泵三部分。干燥器顶部连接一带活塞的管道接通冷凝器，汽化后的蒸汽由此管道通过冷凝管凝聚，冷凝器另一端连接真空泵，干燥器内常放一些干燥剂如五氧化二磷、无水氯化钙等，以便样品的干燥保存。

2. 冷冻真空干燥

冷冻真空干燥，除利用真空干燥原理外，同时增加了温度因素。在相同压力下，水蒸气压随温度的下降而下降，故在低温低压下，冰很易升华为气体。操作时，一般先将待干燥液体冷冻到冰点以下使之变成固体，然后在低温低压下将溶剂变成气体而除去。此法干燥后的产品具有疏松、溶解度好、保持天然结构等优点，适用于各类生物大分子的干燥保存。

3. 喷雾干燥

喷雾干燥是将液体通过喷洒装置喷成雾滴后，与干燥介质（一般为热空气）直接接触干燥的方法。由于液体分散为雾滴时，直径通常只有 $1 \sim 200 \mu m$ 大小，与热空气接触面大，水分蒸发很快。在100℃的热空气中，只需不到一秒的时间即可干燥。因干燥时间短和水分蒸发时吸收热量，使液滴及其附近的空气温度较低，故工业上常用于干燥微生物酶制剂和某些生化产品。

三、保存

生物大分子的储藏保存可分为干固态储藏和液态储藏两种。储藏时应避免长期暴露于空气中被微生物污染，并应注意低温保存。

1．干态储藏

干燥的制品一般比较稳定，如制品含水量很低，在低温情况下，生物大分子活性可在数个月甚至数年内没有显著变化。储藏方法也很简单，只将干燥后的样品置于干燥器内（内装有干燥剂）密封，保存在 0 ~ 4℃冰箱中即可。有时为了取样方便和避免取样时样品吸水和污染，可先将样品分装到许多小瓶中，每次用时，只取出一小瓶。

2．液态储藏

液态储藏的优点是减去干燥这一步骤，生物大分子的生理活性和结构破坏较少，缺点是需要较严格的防腐措施，储藏时间不能太长。如样品量大时封装运输不方便。液态储藏注意事项如下：

（1）样品不能太稀，必须浓缩至一定浓度后才能封装储藏，否则，容易引起生物大分子变性。

（2）一般需加入防腐剂和稳定剂，常用防腐剂有甲苯、苯甲酸、氯仿、百里酚等。蛋白质和酶常用的稳定剂有硫酸铵、蔗糖、甘油等，如酶也可加入底物和辅酶以提高其稳定性，此外钙、锌、硼酸等盐溶液对某些酶也具有一定保护作用。核酸大分子一般保存在氯化钠或柠檬酸与氯化钠的标准缓冲液中。

（3）贮藏温度要求较低，大多数在0℃左右冰箱保存即可，有的则要求更低。

四、纯度鉴定

分析测定的方法主要有两类：即生物学和物理、化学的测定方法。生物学的测定法主要有酶的各种测活方法、蛋白质含量的各种测定法、免疫化学方法、放射性同位素示踪法等；物理、化学方法主要有比色法、气相色谱和液相色谱法、光谱法（紫外/可见、红外和荧光等分光光度法）、电泳法、以及核磁共振等。

生物大分子制备物的均一性（即纯度）的鉴定，通常只采用一种方法是不够的，必须同时采用 2 ~ 3 种不同的纯度鉴定法才能确定。蛋白质和酶制剂成品纯度的鉴定最常用的方法是：SDS 聚丙烯酰胺凝胶电泳和等电聚焦电泳，如能再用高效液相色谱（HPLC）和毛细管电泳（CE）进行联合鉴定则更为理想，必要时再做 N–末端氨基酸残基的分析鉴定，过去曾用的溶解度法和高速离心沉降法，现已很少再用。核酸的纯度鉴定通常采用琼脂糖凝胶电泳和聚丙烯酰胺凝胶电泳，但最方便的还是紫外吸收法，即测定样品在 pH7. 0 时 260nm 与 280nm 的吸光度（A_{260} 和 A_{280}），从 A_{260}/A_{280} 的比值即可判断核酸样品的纯度。

第五节　生化实验样品制备

在生物化学实验中，无论是分析组织中各种物质的含量，或是探索组织中的物质代谢过程，皆需利用特定的生物样品。由于实验的特殊要求，往往需要将获得的样品预先做适当处理，掌握此种实验样品的正确处理与制备方法是做好生化实验的先决条件。

基础生化实验中，最常用的人体或动物样品是全血、血清、血浆及无蛋白血滤液。有时也采用尿液做实验，组织样品则常用肝、肾、胰、胃黏膜或肌肉等组织制成组织糜、组织匀浆、组织切片或组织浸出液等，以用于各种生化实验。

现将这些样品的制备方法，扼要介绍如下。

一、血液样品

1. 全血

无论收集动物或人体血液时，一方面要注意仪器的清洁与干燥，另一方面要及时加入适当的抗凝剂以防止血液凝固。一般在血液取出后，迅速盛于含有抗凝剂的试管内，同时轻轻摇动，使血液与抗凝剂充分混合，以免形成凝血小块。收集的全血如不立即进行实验，应储存冰箱中。

常用的抗凝剂有草酸盐、柠檬酸盐、氟化钠或肝素等，可视实验要求而定。一般情况下，用廉价的草酸盐即可，但在测定血钙时不适用，氟化钠可做为测定血糖时的良好抗凝剂，因其兼有抑制糖酵解的作用，以免血糖分解。但氟化钠也能抑制脲酶，故用脲酶测定尿素时不能用。肝素虽较好，但价格贵，尚不能普遍应用。

抗凝剂用量不应过多，以免影响实验结果。通常每毫升血液加 1～2mg 草酸盐、5mg 柠檬酸钠或 5～10mg 氟化钠，肝素仅需要 0.01～0.2mg，最好将抗凝剂制成适当浓度的水溶剂，然后取 0.5mL 置于准备盛血的试管中，再横放蒸干（肝素不宜超过30℃），则抗凝剂在管壁上形成一层薄膜，使用时较为方便，效果也好。

2. 血浆

上述抗凝全血在离心机中离心，则血球下沉，上清液即为血浆。如需应用血浆分析，必须严格防止溶血。故要求采取血液时所需的一切用具（注射器、针头、试管等）皆需清洁干燥，取出血液也不能剧烈振摇。

3. 血清

收集的血液不加抗凝剂，在室温下约 5～20min 即自行凝固，通常经 3h，血块收缩而分出血清。为促使血清分出，必要时可离心分离，这样可缩短时间，并取得较多的血清。

制备血清也要防止溶血，一方面仪器要干燥，另一方面，血块收缩后，及早分离出血清，因为放置过久，血块中血球也可能溶血。

4. 无蛋白血滤液

许多生化分析要避免蛋白质的干扰，为此，常先将其中蛋白质沉淀后去除。分析血液中许多成分时，也常除去蛋白质，制成无蛋白血滤液。如血液中的非蛋白氮、尿酸、肌酸等测定皆需先把血液制成无蛋白血滤液后，再进行分析测定。蛋白质沉淀剂如钨酸、三氯醋酸或氢氧化锌皆可用于制备无蛋白血滤液，可根据不同的需要而加以选择。

二、尿液样品

一般定性实验只需将尿收集一次即可，但一天之中各次排出尿液的成分随食物、饮水及一昼夜的内生理变化等的影响而有很大的差异，因此定量测量尿液中各种成分皆应收集 24h 尿混合后取样。通常在早晨一定时间排尿，弃去，以后每次尿皆收集于清洁大玻瓶中，到第二天早上同一时间收集最后一次尿即可，随即混合并用量筒量准其体积。

收集的尿液如不能立即进行实验，则应置于冷处保存。必要时可在收集尿时即于收集的玻瓶中加入防腐剂如甲苯、盐酸等，通常每升尿中约加入 5mL 甲苯或 5mL 盐酸即可。

如需收集动物尿液，可将动物置于代谢笼中，其排出之尿液经笼下漏斗流入瓶中而收集之。

三、组织样品

离体不久的组织，在适宜的温度及 pH 等条件下，可以进行一定程度的物质代谢。因此，在生物化学实验中，常利用离体组织，研究各种物质代谢的途径与酶系的作用，也可以从组织中提取各种代谢物质或酶进行研究。但是各种组织器官离体过久后，都要发生变化。例如，组织中的某些酶在久置后会发生变性而失活。有些组织成分如糖元、ATP 等，甚至在动物死亡数分钟至十几分钟内，其含量即有明显的降低，因此，利用离体组织作代谢研究或作为提取材料时都必须迅速将它取出，并尽快地进行提取或测定。一般采用断头法处死动物，放出血液，立即取出实验所需脏器或组织，去除外层的脂肪及结缔组织后，用冷生理盐水洗去血液，必要时，也可用冷生理盐水灌注脏器以洗去血液，再用滤纸吸干，即可做实验之用。取出的脏器或组织，可根据不同的目的，用以下不同的方法制成不同的组织样品。

1. 组织糜

将组织用剪刀迅速剪碎，或用绞肉机绞成糜状即可。

2. 组织匀浆

新鲜组织称取重量后剪碎，加入适当的匀浆制备液，用高速电动匀浆器（Waring-blender）或用玻璃匀浆管打碎组织。由于匀浆器的刀片或匀浆管的杵头快速转动，摩擦生热。因此，一般在制匀浆时，需要将匀浆器或匀浆管置于冰浴中。

常用的匀浆制备液有生理盐水、缓冲液、Krebs – ringer 溶液及 0.25mol/L 蔗糖等，可根据实验的不同要求，加以选择。

3. 组织浸出液

将上法制成的组织匀浆加以离心，其上清液即为组织浸出液。

4. 组织切片

在清洁的木块或玻璃板上铺一张预先用冷生理盐水润湿过的滤纸，将新鲜组织一小块平放于此滤纸上，左手用载玻片轻轻按住组织（不可用力挤），右手用先经冷生理盐水润湿过的锋利刀片从靠近载玻片的水平方向切下组织，切入时刀片必须保持平稳，使切片厚薄均匀，一般要求切片的厚度约 0.2cm。切下的组织切片可在扭力天平上称取重量后，放入冰冷的 Krebs – ringer 溶液中待用。

第二章　离心技术

离心技术是将含有颗粒不均一的悬浮液置于离心管中，在旋转运动的离心力作用下，利用因物质的密度及质量差异而沉降速度不同，将其分离的技术。它是分离、浓缩和提纯生物样品的一种常用方法。

第一节　基本原理

一、相对离心力

离心力是指物体作圆周运动时形成的一种使物体脱离圆周运动中心的力。离心力常用地球引力的倍数来表示，因而称为相对离心力（RCF），其符号为 F_{Rc}，单位为 g（980.6cm/s^2），以 g 的倍数或数字乘以"g"来表示，如 $18000 \times g$，即表示相对离心力为 18000。离心力的大小可根据离心时每分钟转速 V（r/min,）和旋转半径 r（cm）按下式计算：

$$F_{Rc} = r \times V^2 \times 1.119 \times 10^{-5}$$

上述公式描述了相对离心力与转速之间的关系。只要给出旋转半径 r，则 RCF 和 V 之间可以相互换算。一般情况，低速离心时常以转速"r/min"表示，高速离心时则以"$\times g$"表示。

二、沉降系数

沉降系数是单位离心场作用下颗粒沉降的速度，即通过单位离心场所需要的时间，用 S 表示，1S 等于 1×10^{-13}s。在生物化学、分子生物学中，质量未知的细胞器、亚细胞器、生物高分子常用 S 值粗略表示其大小，如原核生物核糖体包括 30S 及 50S 亚基。

三、沉降速度

沉降速度是指在离心分离时，固相颗粒在一定离心力作用下，单位时间内物质颗粒沿半径方向运动的距离。颗粒沉降速度与下面三方面因素有关：

（1）离心条件　颗粒沉降速度与离心时转速和旋转半径成正比。如果其他的条件不变，沉降速度随着 r 的增大而增大，在进行速度区带离心时，r 对沉降速度的这种影响不利于达到满意的分离效果，所以需要在沿半径方向上相应地增加介质的密度和黏度以克服 r 的增加造成的影响。

（2）颗粒本身的性质　沉降速度与颗粒直径和密度成正比。密度相同时大颗粒比小颗粒沉降快；大小相同时，密度大的颗粒比密度小的沉降快。

（3）介质的性质 沉降速度与介质的黏度、密度成反比，介质黏度、密度大，则颗粒沉降慢。

四、沉降时间

沉降时间是指样品颗粒完全沉降到管底内壁的时间，用 t_m 表示，可用下列方程式计算：

$$t_m = \frac{1}{S} \cdot \frac{\ln x_2 - \ln x_1}{\omega^2}$$

式中　x_2——旋转中心到离心管底内壁的距离；

　　　x_1——旋转中心到样品溶液弯月面之间的距离；

　　　S——样品沉降系数；

　　　ω——转头的角速度。

分离某物质所需的时间常用反复多次的实验来取得。

第二节　离心机的类型和使用方法

离心机是利用离心力对混合液（含有固形物）进行分离和沉淀的一种专用仪器。

一、离心机的分类

根据不同的分类标准可将离心机分为不同类型。如根据容量可分为：微量离心机、小容量离心机、大容量离心机和超大容量离心机；根据有无冷冻可分为：冷冻离心机和常温离心机；根据转速高低，离心机可分为以下三类。

1. 普通离心机

普通离心机又称低速离心机，最大额定转速一般为6000r/min，相对离心力最大可达 $5000g \sim 6000g$ 且连续可调。此类离心机体积小、重量轻、容量较大、能自动控制工作时间，操作简单，使用方便但转速不能严格控制。适用于医院化验室、生物化学与分子生物学实验室进行定性分析和血浆、血清、尿素、疫苗制备等。另外还有水平型桶式低速离心机、大容量立式低速离心机、带冷冻系统的大容量低速离心机等。这类离心机往往用于样品的初级分离制备。对于生物制品的生产，大容量冷冻离心机可直接用于分离最后产品，也可直接用于瓶装、袋装样品的离心，为实验室大量样品的分离提供了条件。

2. 高速离心机

高速离心机的最大转速为20000～25000r/min，最大相对离心力可达45000g。由于转速高一般配备冷冻控温装置。适用于生物细胞、病毒、微生物菌体、细胞碎片、大细胞器、硫酸铵沉淀和免疫沉淀物等的分离、浓缩、提取、纯化等工作，是细胞和分子水平研究的基本工具。

3. 超速离心机

超速离心机可分为分析用超速离心机和制备用超速离心机两种。制备用超速离心机最高额定转速在 50000～80000r/min，最大相对离心力在 $6 \times 10^5 g$ 左右。利用超速离心转头高速旋转所产生的巨大离心力可对细胞器、病毒、生物大分子进行分离、浓缩、精制，并可用于测定蛋白质、核酸的相对分子质量等。先进的制备用超速离心机，装有先进的光学系统附属设备、密度梯度形成收集器、用于区带操作的各种加样取样器、密度梯度泵、积分仪等。仪器的自动化程度高，功能齐全。

分析用超速离心机一般都装备有特殊设计的转头、控制系统和光学系统，可以直接观察了解和分析样品的沉降情况。利用特殊配备的数据处理机自动计算 S（沉降系数）、Mr（相对分子质量）。分析用超速离心机主要用于生物大分子的相对分子质量测定、估价样品纯度和检测生物大分子构象的变化等。

二、离心机的使用方法

欲使沉淀和母液分开，过滤和离心都可达到目的，但当沉淀黏稠，或颗粒过小能通过滤纸、总容量太少又需要定量测定时，使用离心沉淀法比过滤法要好。

1. 使用方法

（1）应先将离心机放在稳定的台面上，放平、放稳，检查离心机转动状态是否平稳，以确定离心机的性能。

（2）检查套管与离心管大小是否相配，离心管应能在套管内自由转动不至太紧，套管软垫（用棉花或橡皮）是否铺好。套管底部是否完好或是否有杂物。

（3）检查合格后，将一对离心管分别放入一对套管中，然后连同套管一起分别置天平两侧，使两侧的总重量平衡（包括离心管、离心套管、离心管内装溶液的重量的总和）。将各平衡的套管连同内容物放置于离心机内，平衡后的一对离心管及其内容物应对称放置。离心时离心机内不得留有离心管套。

（4）将离心管放好后，盖好离心机盖，检查所需电源电压的大小，再按要求将电源接通。转动速度调节旋钮，逐步增加到所需要的离心速度。

（5）离心机转动时，如果机身不稳或声音不均匀时，应立即停止离心，重新检查重量是否对称和离心机是否放平稳。离心时，玻璃管、套管打碎应立即清除，重新配平后再离心。

（6）离心到规定时间后，将转速旋钮逐步回转到零，再关闭电源。不可以用手强制使其停止转动，因这样既损伤离心机，沉淀又可能被搅动浮起。待离心机停稳后，取出离心管及管套，最后将电源插头拔下。

2. 操作注意事项

（1）装载溶液时，要根据各种离心机的具体操作说明进行，根据待离心液体的性质及体积选用适合的离心管。有的离心管无盖，液体不得装的过多，以防离心时甩出，造成转头不平衡、生锈或被腐蚀。而制备型离心机的离心管，则常常要求必须将液体装满，以免离心时塑料离心管发生变形。每次使用后，必须仔细检查转头，及时清洗、擦干，转头是离心机中需重点保护的部件，搬动时要小心，不要碰撞，避免造成伤痕，转头长时间不用时，要涂上一层蜡保护，严禁使用变形或老化的离心管。

（2）使用各种离心机时，必须事先在天平上精密地平衡离心管和其内容物，平衡时重量之差不得超过离心机说明书上所规定的范围。转头中绝对不能装载单数离心管，当转头只是部分装载时，管子必须互相对称放置，以便使负载均匀地分布在转头的周围。

（3）在配平时，勿使离心管套外部沾水，否则会影响结果。

（4）离心过程中不得随意离开，应随时观察离心机上的仪表是否正常工作，如有异常声音应立即停机检查，及时排除故障。

（5）每个转头各有其最高允许转速和使用类别及期限，使用转头时要查阅说明书，不得过速使用。每个转头都要有一份使用档案，记录使用时间，若超过了该转头的最高使用时限，则须按规定降速使用。

第三节　常用离心方法

一、差速沉降离心法

差速沉降离心法是采用逐渐增加离心速度或低速和高速交替离心，用大小不同的离心力使具有不同沉降系数的颗粒分批沉淀的方法。此法一般用于分离沉降系数相差一个到几个数量级的颗粒。差速沉降离心首先要选择好每种颗粒沉降所需的离心力和离心时间。当以一定的力在一定的时间内进行离心时，在离心管底部得到最大和最重颗粒的沉淀，分出的上清液在加大转速下再进行离心，又得到第二部分较重颗粒的沉淀及含较小和较轻颗粒的上清液，如此多次离心处理，即能把液体中的不同颗粒较好地分离开。此法所得的沉淀是不均一的，仍掺杂有其他成分，需经过 2 ~ 3 次的再离心，才能得到较纯的颗粒。

此法主要用于从组织匀浆液中分离细胞器和病毒，其优点：操作简易，离心后用倾倒法即可将上清液与沉淀分开。但需多次离心，分离效果差，不能一次得到纯颗粒，沉淀于管底的颗粒受挤压容易变性失活。

二、密度梯度区带离心法

密度梯度区带离心法又称区带离心法，是将样品粒子在一个密度梯度介质中离心，这个介质由一合适的小分子和样品粒子可在其中悬浮的溶剂组成，在一定的离心力下，离心一定时间后不同大小的颗粒将沉降在不同的层次，产生所谓区带的方法。这种方法适用于分离密度相似而大小有别的样品。此法的优点：分离效果好，可一次获得样品中分离的几个或全部组分较纯的颗粒；适应范围广，既能分离具有沉降系数差的颗粒，又能分离有一定浮力密度差的颗粒；颗粒不会挤压变形，保持颗粒的活性，又可防止成形的区带由于对流而引起混合；具有很好的分辨能力。缺点：离心时间长；需要制备密度梯度介质溶液，操作严格，不易掌握。

第三章　分光光度技术

第一节　基本原理

许多物质的溶液是有颜色的，不同物质由于其分子结构不同，对不同波长光线有不同吸收能力，故每种物质都具有其特异的吸收光谱。有色溶液显现的颜色实质上是它所选择吸收光的互补色，例如溶液呈黑色，是对可见光区的各色光几乎都吸收；溶液为无色，是对可见光几乎无吸收作用。无色溶液所含物质可以吸收特定波长的紫外线或红外线。在一定条件下，溶液对光的吸收程度与该物质浓度成正比，因此可利用各种物质的不同的吸收光谱特征对不同物质进行定性和定量分析。一般把用物质特有的吸收光谱来鉴定物质性质及含量的技术，称为分光光度法，其理论依据是 Lambert – Beer 定律。

分光光度法是比色法的发展，比色法只限于在可见光区，分光光度法则可以扩展到紫外光区和红外光区，比色法用的单色光，是来自滤光片，谱带宽度从 40 ~ 120nm，精度不高；分光光度法则要求近于真正单色光，来自棱镜或光栅，具有较高的精度，其光谱带宽最大不超过 3 ~ 5nm，在紫外区可达到 1nm 以下。

一、光的基本知识

光是由光量子组成的，具有二重性，即不连续的微粒性和连续的波动性。波长和频率是光的波动性的特征，可用下式表示：

$$\lambda = c/\gamma$$

式中　λ——波长，具有相同的振动相位的相邻两点间的距离叫波长；

　　　γ——频率，即每秒钟振动次数；

　　　c——光速，等于 299770km/s。

光属于电磁波，自然界中存在各种不同波长的电磁波。

分光光度法所使用的光谱范围在 200nm ~ 10μm（1μm = 1000nm）。其中 200 ~ 400nm 为紫外光区，400 ~ 760nm 为可见光区，760 ~ 10000nm 为红外光区。可见光区的电磁波，因波长不同而呈现不同颜色，这些不同颜色的电磁波称为单色光，单色光并非单一波长的光，而是一定波长范围内的光。太阳及钨丝灯发出的白光，是各种单色光的混合光。利用棱镜可将白光分成各种单色光，即红、橙、黄、绿、青、蓝、紫等，这就是光谱。

在实际应用中常使用的待测介质颜色所对应的波长表，见表 3 – 1。

表 3 - 1 待测介质颜色与波长对应表

选择波长/nm	波长对应颜色	待测介质颜色
400 ~ 435	青紫	黄绿
435 ~ 480	蓝	黄
480 ~ 490	蓝绿	橘黄
490 ~ 500	绿蓝	红
500 ~ 560	暗绿	深紫
560 ~ 580	绿黄	蓝紫
580 ~ 595	黄	蓝
595 ~ 610	橘黄	蓝绿
610 ~ 750	红	绿蓝

二、吸光度与透光率

当一束平行单色光照射到任何均匀、透明的溶液上时，光的一部分被吸收，一部分被容器的表面反射，一部分透过溶液。如果入射光强度为 I_0，吸收光的强度为 I_a，透过光的强度为 I_t，T 是透光率，为透过光强度与入射光强度之比，则 $T = I_t/I_0$。吸光度 $A = \lg(1/T) = -\lg T$，A 是透光率倒数的对数，即透光率的负对数，只有吸光度才与浓度呈正比。

三、朗伯 – 比尔（Lambert – Beer）定律

朗伯 – 比尔定律是利用分光光度计进行比色分析的基本原理，此定律是由朗伯定律和比尔定律归纳而得。

1. 朗伯定律

一束单色光通过溶液后，由于溶液吸收了一部分光能，光的强度就要减弱，若溶液浓度不变，则溶液的厚度（L）愈大（即光在溶液中所经过的途径愈长），光的强度减低也愈显著。即吸光度与溶液液层的厚度成正比。

$$A = K_1 L$$

式中　　K_1——吸光系数，其值取决于入射光的波长、溶液性质、溶液浓度及温度等；

　　　　L——溶液的厚度。

2. 比尔定律

当一束单色光通过有色溶液时，若溶液的厚度不变而浓度不同时，则溶液浓度愈大光线强度的减弱也愈显著，即吸光度与溶液的浓度成正比。与 Lambert 定律推导相似，两者的关系可表示如下：

$$A = k_2 c$$

式中　　k_2——吸光系数，其值取决于入射光的波长、溶液性质、溶液浓度及温

度等；

c——有色溶液的浓度。

3. Lambert – Beer 定律及应用

如果同时考虑溶液的浓度 c 和液层的厚度 L 对光吸收的影响，则必须将朗伯定律和比尔定律合并起来得：

$$A = KLc$$

此式表明吸光度与溶液的浓度和液层的厚度乘积成正比，这就是朗伯 – 比尔定律。

朗伯 – 比尔定律不仅适用于可见光区，也适用于紫外及红外光区；不仅适用于溶液，也适用于其它均匀的、非散射的吸光物质，是各类分光光度法的定量依据。

第二节　分光光度计的基本结构

能从含有各种波长的混合光中将每一单色光分离出来，并测量其强度的仪器称为分光光度计。

一、一般构造

分光光度计因使用的波长范围不同而分为紫外光区、可见光区、红外光区以及万用（全波段）分光光度计等。无论哪一类分光光度计都由下列五部分组成，即光源、单色器、狭缝、比色杯及检测器系统，如图 3 – 1 所示。

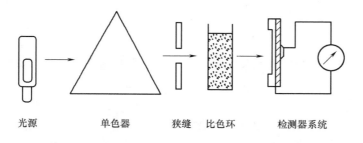

光源　　　　单色器　　　狭缝　比色环　　　检测器系统

图 3 – 1　分光光度计基本结构示意图

1. 光源

一个良好的光源要求具备发光强度高，光亮稳定，光谱范围较宽和使用寿命长等特点。分光光度计上常用的光源有两种，即钨灯和氢灯。一般的分光光度计采用稳控的钨灯，适用于 340~900nm 范围的光源，更先进的分光光度计中有稳压调控的氢灯，适宜于作 200~360nm 的紫外光分析光源。

2. 单色器

单色器是将混合光波分解为单一波长的装置。多用棱镜或光栅作为色散元件，光波通过棱镜时，不同波长的光折射率不同。波长越短，传播速度越快，折射率越大；反之，波长越长，传播速度越慢，折射率越小，因而能把不同波长的光分开。

3. 狭缝

狭缝是由一对隔板在光通路上形成的缝隙，通过调节缝隙的大小来调节入射单色光的强度，并使入射光形成平行光线，以适应检测器的需要。

4. 比色杯

比色杯又称作吸收杯、样品杯，是光度测量系统中最重要的部件之一，一般由玻璃或石英制成。不同的检测波长选择不同材质的比色杯，在可见光区或近红外光区检测应选用光学玻璃比色杯，在紫外光区检测应选用石英比色杯。

为保证吸光值测量的准确性，保护比色杯的质量是取得良好的分析结果的重要条件之一，因此不得用粗糙坚硬物质接触比色杯；不能用手指拿取比色杯的光学面；用后要及时洗涤比色杯，不得残留测定液。

5. 检测器系统

有许多金属能在光的照射下产生电流，光愈强电流愈大，此即光电效应。因光照射而产生的电流称作光电流。受光器有两种，一是光电池，二是光电管。光电池的组成种类繁多，最常见的是硒光电池。光电池受光照射产生的电流较大，可直接用微电流计量出。但是，当连续照射一段时间会产生疲劳现象而使光电流下降，要在暗中放置一些时候才能恢复。因此使用时不宜长期照射，随用随关，以防止光电池因疲劳而产生误差。光电管装有一个阴极和一个阳极，阴极是用对光敏感的金属（多为碱土金属的氧化物）做成，当光射到阴极且达到一定能量时，金属原子中电子发射出来。光愈强，光波的振幅愈大，电子放出愈多。电子是带负电的，被吸引到阳极上而产生电流。光电管产生电流很小，需要放大。分光光度计中常用电子倍增光电管，在光照射下所产生的电流比其它光电管要大得多，这就提高了测定的灵敏度。

检测器产生的光电流以某种方式转变成模拟的或数字的结果，模拟输出装置包括电流表、电压表、记录器、示波器及与计算机联用等，数字输出则通过模拟数字转换装置如数字式电压表等进行。

二、一般操作程序

1. 分光光度计的一般操作程序

（1）选定合适的波长作为入射光，接通电源预热仪器。

（2）调透光率为零，即仪器零点。

（3）将参比溶液置于光路，接通光路（盖上吸收池暗箱盖），调 $T\% = 100.0$，（2）、（3）步应反复调整，达到 $A = 0$。

（4）将样品溶液推入光路，读取吸光度 A。

（5）测定完成后，应整理好仪器，尤其要注意吸收池应及时清洗干净。

对于不同型号的分光光度计其具体的操作步骤不完全相同，可参见各仪器说明书。

2. 使用注意事项

（1）分光光度计属精密仪器，应精心爱护使用，防震、防潮、防腐蚀。

（2）要保持比色杯的清洁干净，保护光学面的透明度。

（3）读取光密度值的时间应尽量缩短，以防光电系统疲劳，如连续使用时，中间应适当使之避光休息。

（4）比色杯不要放置在仪器面上，以免液体腐蚀仪器表面。

（5）调 0 位及 100% 旋钮要轻旋，旋到终点时指针仍未指到位，一定不能再用力旋，以免损坏电位器。

第三节　分光光度技术的基本应用

一、测定溶液中物质的含量

可见或紫外分光光度法都可用于测定溶液中物质的含量，方法有以下几种。

1. 直接比较法（标准管法）

测定标准溶液（浓度已知的溶液）和未知液（浓度待测定的溶液）的吸光度，进行比较，由于所用比色杯的厚度是一样的，溶液的浓度和吸光度值成正比关系，由此得出未知样品溶液的浓度。

2. 标准曲线法

先测出已知的不同浓度（c）的标准液的吸光度（A），以 A 为纵坐标，浓度 c 为横坐标，绘制标准曲线，在选定的浓度范围内标准曲线应该是一条直线，然后测定出未知液的吸光度，即可从标准曲线上查到其相对应的浓度。

含量测定时所用波长通常要选择被测物质的最大吸收波长，这样做有两个好处：

（1）灵敏度大，物质在含量上的稍许变化将引起较大的吸光度差异；

（2）可以避免其它物质的干扰。

二、用吸收光谱鉴定化合物

使用分光光度计可以绘制吸收光谱曲线。方法是用各种波长不同的单色光分别通过某一浓度的溶液，测定此溶液对每一种单色光的吸光度，然后以波长为横坐标，以吸光度为纵坐标绘制吸光度－波长曲线，此曲线即吸收光谱曲线。

各种物质有它自己一定的吸收光谱曲线，因此用吸收光谱曲线图可以进行物质的定性鉴定。一定物质在不同浓度时，其吸收光谱曲线中，峰值的大小不同，但形状相似，即吸收高峰和低峰的波长是一定不变的。因此，当一种未知物质的吸收光谱曲线和某一已知物质的吸收光谱曲线形状一样时，则很可能它们是同一种物质。

紫外线吸收是由不饱和的结构造成的，含有双键的化合物表现出吸收峰。紫外吸收光谱比较简单，同一种物质的紫外吸收光谱应完全一致，但具有相同吸收光谱的化合物其结构不一定相同。除了特殊情况外，单独依靠紫外吸收光谱决定一个未知物结构，必须与其它方法配合。紫外吸收光谱分析主要用于已知物质的定量分析和纯度分析。

第四节　提高测量精确度的方法

测量的精确度是指测量数据集中于真实值附近的程度。测量的精确度高，说明测量的平均值接近真实值，且各次测量的数据又比较集中，即测量的系统误差和偶然误差都比较小，测量既准确又精密。要提高测量的精确度从以下几个方面进行考虑。

一、入射光波长的选择

波长对测量结果的影响程度与波长测定点在被测物品光谱曲线的位置及仪器波长误差的大小有关，当波长测量点位于被测样品尖锐的吸收峰上或于较陡的斜坡上时，波长的较小偏移将会引起光度测量值的较大的变动。为使测定结果有较高的准确度，在一般情况下，入射光应选择被测物质溶液的最大吸收波长。

二、分析方法的误差

在分光光度法中，即使将各种因素都控制好，对于浓度过大或过小的样品，误差仍然很大。因为浓度过大的样品，其吸光度过高，影响检测器的灵敏度，且读数标尺刻度的精度差，误差亦大。浓度过低的样品，其吸光度小，因与仪器本身因素有关，也容易引起检测器标尺上的读数误差。例如光源波动的影响：当光源强度改变1%、吸光度为1.0时，只有0.4%的误差，但在吸光度为0.045时，则可产生9.6%的误差。实际上，在整个透光度（或吸光度）范围的不同部分均有不同的误差。从理论上推算，相对误差最小的部分在透光度为36.8%处（或吸光度为0.4343处），故通常认为测定值在吸光度0.20～0.80范围内（透光度为20%～65%）误差较小，超出此范围，相对误差均会增大。

影响分光光度法精确度的主要原因还有光谱纯度。分光光度计应能正确选出光源光谱中所需部分波长作为入射光，一般应保持光谱带宽度在10nm以下，如果测定样品有很狭窄的吸收峰，就必须有更小的光谱宽度，所以分光光度计大多均有可调的狭缝。

散射光也是引起误差的重要因素。这里所说的散射光是指一切未经过测定溶液吸收，而又落到检测器上引起干扰的光，如室内自然光，经过某些漏洞进入仪器而明显增大了透光度，故高灵敏度的分光光度计宜安装在光线较暗的室内。散射光也包括能透过比色皿的非测定需要的其他波长的光，实际上是光谱不纯，但因效果与散射光一样，故也称为散射光干扰。散射光干扰对高浓度测定特别有害，能使吸光度降低，标准曲线的高浓度部分向下弯曲。

第四章　层析技术

层析法又称色层分析法或色谱法（Chromatography），它是在 1903—1906 年由俄国植物学家 M. Tswett 首先系统提出来的。他将叶绿素的石油醚溶液通过 CaCO₃ 管柱，并继续以石油醚淋洗，由于 CaCO₃ 对叶绿素中各种色素的吸附能力不同，色素被逐渐分离，在管柱中出现了不同颜色的谱带或称色谱图（Chromatogram）。当时这种方法并没引起人们的足够注意，直到 1931 年将该方法应用到分离复杂的有机混合物，人们才发现了它的广泛用途。

随着科学技术的发展以及生产实践的需要，层析技术也得到了迅速的发展。层析法的最大特点是分离效率高，它能分离各种性质极相类似的物质；而且它既可以用于少量物质的分析鉴定，又可用于大量物质的分离纯化制备。因此，作为一种重要的分析、分离手段与方法，它广泛地应用于科学研究与工业生产上。现在，它在石油、化工、医药卫生、生物科学、环境科学、农业科学等领域都发挥着十分重要的作用。

第一节　层析的基本理论

层析法是一种基于被分离物质的物理、化学及生物学特性的不同，使它们在某种基质中移动速度不同而进行分离和分析的方法。例如：我们利用物质在溶解度、吸附能力、立体化学特性及分子的大小、带电情况及离子交换、亲和力的大小及特异的生物学反应等方面的差异，使其在流动相与固定相之间的分配系数（或称分配常数）不同，达到彼此分离的目的。

一、层析的基本概念

1. 固定相

固定相是层析的一个基质。它可以是固体物质（如吸附剂、凝胶、离子交换剂等），也可以是液体物质（如固定在硅胶或纤维素上的溶液），这些基质能与待分离的化合物进行可逆的吸附、溶解、交换等作用。固定相对层析的效果起着关键的作用。

2. 流动相

在层析过程中，推动固定相上待分离的物质朝着一个方向移动的液体、气体或超临界体等，都称为流动相。柱层析中一般称为洗脱剂，薄层层析时称为展层剂。它也是层析分离中的重要影响因素之一。

3. 分配系数及迁移率（或比移值）

分配系数是指在一定的条件下，某种组分在固定相和流动相中含量（浓度）的比值，常用 K 来表示。分配系数是层析中分离纯化物质的主要依据。

$$K = c_s / c_m$$

式中　c_s——固定相中的浓度；

　　　c_m——流动相中的浓度。

迁移率（或比移值）是指：在一定条件下，在相同的时间内某一组分在固定相移动的距离与流动相本身移动的距离之比值，常用 R_f 来表示。（$R_f \leqslant 1$）可以看出：

$$K\uparrow \rightarrow R_f\downarrow；反之，K\downarrow \rightarrow R_f\uparrow$$

实验中我们还常用相对迁移率的概念。相对迁移率是指：在一定条件下，在相同时间内，某一组分在固定相中移动的距离与某一标准物质在固定相中移动的距离之比值。它可以小于等于 1，也可以大于 1，用 R_x 来表示。不同物质的分配系数或迁移率是不同的。分配系数或迁移率的差异程度是决定几种物质采用层析方法能否分离的先决条件。很显然，差异越大，分离效果越理想。

总之，影响分离度或者说分离效率的因素是多方面的。我们应当根据实际情况综合考虑，特别是对于生物大分子，我们还必须考虑它的稳定性、活性等问题。如 pH、温度等都会产生较大的影响，这是生化分离绝不能忽视的，否则，我们将不能得到预期的效果。

二、层析法的分类

层析根据不同的标准可以分为多种类型：

1. 根据固定相基质的形式分类

根据固定相基质的形式分类，层析可以分为纸层析、薄层层析和柱层析。

（1）纸层析（paper chromatography）　是指以滤纸作为基质的层析。以滤纸作为液体的载体，点样后，用流动相展开，以达到组分分离目的。

（2）薄层层析（thin layer chromatography）　以一定颗粒度的不溶性物质，均匀涂铺在薄板上。点样后，用流动相展开，使组分达到分离的目的。

（3）柱层析（column chromatography）　是指将固定相装柱后，用洗脱液洗脱使样品沿一个方向移动，以达到分离目的。

纸层析和薄层层析主要适用于小分子物质的快速检测分析和少量分离制备，通常为一次性使用，而柱层析是常用的层析形式，适用于样品分析、分离。生物化学中常用的凝胶层析、离子交换层析、亲和层析、高效液相色谱等都通常采用柱层析形式。

2. 根据流动相的形式分类

根据流动相的形式分类，层析可以分为液相层析和气相层析。气相层析是指流动相为气体的层析，而液相层析指流动相为液体的层析。气相层析测定样品时需要气化，大大限制了其在生化领域的应用，主要用于氨基酸、脂肪酸等小分子的分析鉴定。而液相层析是生物领域最常用的层析形式，适于生物样品的分析、分离。

3. 根据分离的原理不同分类

根据分离的原理不同分类，层析主要可以分为吸附层析、分配层析、凝胶过滤层析、离子交换层析、亲和层析等。

（1）吸附层析（adsorption chromatography）　是以吸附剂为固定相，根据待分离物与吸附剂之间吸附力不同而达到分离目的的一种层析技术。

（2）分配层析（partition chromatography） 是根据在一个有两相同时存在的溶剂系统中，不同物质的分配系数不同而达到分离目的的一种层析技术。

（3）凝胶过滤层析（gel chromatography） 是以具有网状结构的凝胶颗粒作为固定相，根据物质的分子大小不同进行分离的一种层析技术。

（4）离子交换层析（ion exchanger chromatography） 是以离子交换剂为固定相，根据物质的带电性质不同进行分离的一种层析技术。

（5）亲和层析（affinity chromatography） 是根据生物大分子和配体之间的特异性亲和力（如酶和抑制剂、抗体和抗原、激素和受体等），将某种配体连接在载体上作为固定相，而对能与配体特异性结合的生物大分子进行分离的一种层析技术。亲和层析是分离生物大分子最为有效的层析技术，具有很高的分辨率。

第二节　常用的层析技术介绍

一、吸附层析

吸附层析是以吸附剂为固定相，根据待分离物与吸附剂之间吸附力不同而达到分离目的的一种层析技术。

1. 吸附层析原理

吸附作用是指某些物质（称吸附剂）能够从溶液中将溶质浓集在其表面的现象。吸附剂吸附能力的强弱，除决定于吸附剂和被吸附物质本身的性质外，还和周围溶液的组成有密切关系。当改变吸附剂周围溶液的成分时，吸附剂的吸附能力即可发生变化，往往可使能吸附物质从吸附剂上解吸下来，这种解吸过程称为洗脱或展层。因此，当样品中的物质被吸附剂吸附后，用适当的洗脱液冲洗，就能改变吸附剂的吸附能力，将被吸附的物质解吸下来，随着洗脱液向前移动，该物质又遇到前面新的吸附剂而再次被吸附，在后来的洗脱液的冲洗下又重新解吸下来，继续向前移动。经过这样反复的吸附→解吸→再吸附→再解吸的过程。物质就可以不断向前移动。由于吸附剂对样品中各组分的吸附能力不同，它们在洗脱剂的冲洗下移动的速度也就不同，因而能逐渐分离开来。

2. 吸附剂的选择

吸附剂的选择是否合适是吸附层析的关键。常用的吸附剂有硅胶、氧化铝、硅藻土、纤维素等。硅胶为微酸性吸附剂，适合分离酸性和中性物质；氧化铝是微碱性吸附剂，适合分离碱性和中性物质；硅藻土、纤维素为中性吸附剂，适合分离中性物质。吸附剂的颗粒应有一定细度，并且粒度要均匀。一般颗粒直径为无机类 0.07～0.1mm（150～200 目）；有机类 0.1～0.2mm（70～140 目）。颗粒太粗，层析时溶剂推进快，但分离效果差，而颗粒太细，展开太慢，易产生斑点不集中，并有拖尾现象。

3. 吸附能力

吸附能力一般用活度来表示，吸附剂吸附能力主要受吸附剂含水量的影响，其由强到弱的程度以Ⅰ、Ⅱ、Ⅲ、Ⅳ、Ⅴ来表示。吸附剂活度强时能吸附极性较小的基团；吸附剂活度弱时对非极性基团吸附能力也较强。一般利用加热烘干的方法，减少吸附剂的水分，从而增加其活度。通常，分离水溶性物质时，因其本身具有较强极性，吸附剂活度要弱一些；相反，分离脂溶性物质时，吸附剂活度要强一些。

4. 吸附剂的装填方式

吸附层析根据吸附剂的装填方式可分为柱层析法和薄层层析法两种。

（1）柱层析法　柱层析需选择一根适当尺寸的层析管，装一定量的吸附剂，然后加入样品溶液，待样品全部流入吸附剂内后，再加入洗脱液进行洗脱，不同组分即以不同的速度向下流动而逐渐分离开来。分步收集洗脱液，即可得到各组分的溶液，供进一步处理和测定。

（2）薄层层析法　薄层层析法是把吸附剂均匀地涂在玻璃板上，铺成薄层。把要分离的样品加在薄层的一端，在密闭的容器中用适当的溶剂展层后达到分离鉴定的目的。

薄层层析的优点是：设备简单、操作容易、层析时间短、分离效率高，是发展较快的一种微量快速的层析方法，可用于氨基酸、核苷酸、糖类、脂类和激素等物质的分离和鉴定。

薄层层析的操作方法包括制薄板、点样、展层、显色等过程。薄层经显色确定斑点位置后计算 R_f 值。然后与文献记载的 R_f 比较以鉴定各种物质。

二、分配层析

分配层析是根据在一个有两相同时存在的溶剂系统中，不同物质的分配系数不同而达到分离目的的一种层析技术。

1. 分配层析原理

在层析分离过程中，物质既进入固定相，又进入流动相，此过程称为分配过程。分配层析是利用混合物中各组分在两个互不相溶的溶剂中的分配系数不同而达到分离目的的层析技术。分配系数是指在一定的温度、压力和一定的溶剂系统中，一种物质分配达到平衡时在两个互不相溶的溶剂中的浓度比值，常用 K 来表示。

$$K = \frac{溶质在固定相中的浓度（c_s）}{溶质在流动相中的浓度（c_m）}$$

不同的层析机理，其 K 值涵义不同。吸附层析中，K 值表示吸附平衡常数；分配层析中，表示分配系数；离子交换层析中，表示交换常数；亲和层析中表示亲和常数。K 值大表示溶质在固定相中浓度大，洗脱时溶质出现较晚。K 值小表示溶质在流动相中浓度大，在洗脱时出现较早。

分配层析中常用滤纸为支持物，称之为纸上分配层析。滤纸纤维与水有较强的亲和力，能吸收 20% ~ 22% 的水，其中部分水与纤维素羟基以氢键形式结合存在，而滤纸纤维与有机溶剂的亲和力很小，所以滤纸的结合水为固定相，以水饱和的有机溶剂为流动相（展层剂）。当流动相沿滤纸经过样品点时，样品点上的溶质在水和有机相之间不断进行溶液分配，由于混合物中各组分在相同条件下具有不同的分配系数，因而随流动相移动的快慢就有差异，于是就能将这些组分分离开来，形成距原点不等的层析点。溶质在纸上的移动速度可用迁移率 R_f 来表示。

$$R_f = \frac{\text{原点到层析斑点中心的距离}}{\text{原点到溶剂前沿的距离}}$$

R_f 值是物质定性的基础，一般分配系数大的组分，因移动速度慢，所以 R_f 值较小；而分配系数较小的组分，R_f 则值较大。与标准在同一条件下测得的标准 R_f 值进行对照时，即可确定该层析物质。

2. 分配层析操作要点

纸层析法的操作分为点样、展层、显色、测定等。展层方式有单向（上行法、下行法）双向和径向（环形）之分。为了提高分辨率，纸层析可用两种不同的展开剂进行双向展层。双向纸层析是把滤纸裁成长方形或方形，一角点样，先用一种溶剂系统展开，吹干后，转90°，再用第二种溶剂系统进行第二次展开。这样单向纸层析难以分离清楚的物质通过双向纸层析往往可以获得比较理想的分离效果。

纸层析法既可定性又可定量。定量方法一般采用碱洗法和直接比色法两种。碱洗法是将组分在滤纸上显色后，剪下斑点，用适当溶剂洗脱后，用分光光度法定量测定。直接比色法是用层析扫描仪直接在滤纸上测定斑点大小和颜色深度，绘出曲线并可自动积分，计算结果。

三、离子交换层析

离子交换层析（Ion Exchange Chromatography 简称为 IEC）是以离子交换剂为固定相，依据流动相中的组分离子与交换剂上的平衡离子进行可逆交换时的结合力大小的差别而进行分离的一种层析方法。1848 年，Thompson 等人在研究土壤碱性物质交换过程中发现离子交换现象。20 世纪 40 年代，出现了具有稳定交换特性的聚苯乙烯离子交换树脂。20 世纪 50 年代，离子交换层析进入生物化学领域，应用于氨基酸的分析。目前离子交换层析仍是生物化学领域中常用的一种层析方法，广泛的应用于各种生化物质如氨基酸、蛋白、糖类、核苷酸等的分离纯化。

（一）基本原理

离子交换层析是依据各种离子或离子化合物与离子交换剂的结合力不同而进行分离纯化的。离子交换层析的固定相是离子交换剂，它是由一类不溶于水的惰性高分子聚合物基质通过一定的化学反应共价结合上某种电荷基团形成的。离子交换剂可以分为三部分：高分子聚合物基质、电荷基团和平衡离子。电荷基团与高分子聚合物共价结合，形成一个带电的可进行离子交换的基团。平衡离子是结合于电荷基团上的相反离子，它能与溶液中其它的离子基团发生可逆的交换反应。平衡离子带正电的离子交换剂能与带正电的离子基团发生交换作用，称为阳离子交换剂；平衡离子带负电的离子交换剂与带负电的离子基团发生交换作用，称为阴离子交换剂。

阴离子交换剂的电荷基团带正电，装柱平衡后，与缓冲溶液中的带负电的平衡离子结合。待分离溶液中可能有正电基团、负电基团和中性基团。加样后，负电基团可以与平衡离子进行可逆的置换反应，而结合到离子交换剂上。而正电基团和中性基团则不能与离子交换剂结合，随流动相流出而被去除。通过选择合适的洗脱方式和洗脱液，如增加离子强度的梯度洗脱，随着洗脱液离子强度的增加，洗脱液中的离子可以逐步与结合在离子交换剂上的各种负电基团进行交换，而将各种负电基团置换出来，随洗脱液流出。与离子交换剂结合力小的负电基团先被置换出来，而与离子交换剂结合力强的需要较高的离子强度才能被置换出来，这样各种负电基团就会按其与离子交换剂结合力从小到大的顺序逐步被洗脱下来，从而达到分离目的。

蛋白质等生物大分子通常呈两性，它们与离子交换剂的结合与它们的性质及 pH 有较大关系。以用阳离子交换剂分离蛋白质为例，在一定的 pH 条件下，等电点 pI < pH 的蛋白带负电，不能与阳离子交换剂结合；等电点 pI > pH 的蛋白带正电，能与阳离子交换剂结合，一般 pI 越大的蛋白与离子交换剂结合力越强。但由于生物样品的复杂性以及其它因素影响，一般生物大分子与离子交换剂的结合情况较难估计，往往要通过实验进行摸索。

（二）离子交换剂的类型

离子交换层析中的固相称为交换剂，它是一种高分子不溶物质，目前常用的有人工合成的树脂、纤维素、葡聚糖、琼脂糖等。在这些不溶性母体上引入不同的活性基团，即具有离子交换作用，成为各种类型的离子交换剂。引入母体上的活性基团主要分为酸性和碱性两类。酸性基团能解离出 H^+，可与溶液中阳离子交换，所以这类离子交换剂称为阳离子交换剂。碱性基团能解离出 OH^- 与溶液中的阴离子交换，所以这类离子交换剂称为阴离子交换剂。由于引入的酸性和碱性基团的强弱不同，这两类离子交换剂又分为强酸型、弱酸型以及强碱型和弱碱型（见表 4-1）。

表 4-1 常用的离子交换剂的种类及解离基团

种类		解离基团
阳离子交换树脂	强酸型	磺酸基（—SO_3H）
	弱酸型	羧基（—COOH）、羟基（—OH）
阴离子交换树脂	强碱型	季铵盐〔—N^+（CH_3）$_3$〕
	弱碱型	叔胺〔—N（CH_3）$_2$〕、仲胺（—$NHCH_3$）、伯胺（—NH_2）
阳离子交换纤维素	强酸型（磺乙基纤维素）	磺乙基（—O—CH_2—CH_2—SO_3H）
	弱酸型（羧甲基纤维素）	羧甲基（—O—CH_2—COOH）
阴离子交换纤维素	强碱型（胍乙基纤维素）	胍乙基—O—CH_2—CH_2—NH— $\overset{\overset{NH}{\parallel}}{C}$ —NH_2
	弱碱型二乙基氨基乙基纤维素	二乙基氨基乙基〔—O—CH_2—CH_2—NH（C_2H_5）$_3$〕
阳离子交换交联葡聚糖	强酸型（磺乙基交联葡聚糖）	磺乙基
	弱酸型（羧甲基交联葡聚糖）	羧甲基
阴离子交换交联葡聚糖	强碱型（胍乙基交联葡聚糖）	胍乙基
	弱碱型（二乙基氨基乙基交联葡聚糖）	二乙基氨基乙基

（三） 离子交换层析基本操作

1. 交换剂的选择

交换剂的选择必须考虑到被分离物质及交换剂的性质，如被分离的物质是阳离子就应选用阳离子交换剂，反之则选用阴离子交换剂。溶液中的离子在交换剂中交换吸附不仅受自身电荷数的影响，也受到它与离子交换剂的非极性亲和力及交换剂空间结构大小等因素影响。因此在分离某物质时，必须根据物质的解离性能、分子大小，选择适当类型的离子交换剂。再如像分离蛋白质、核酸时，为了不改变其生物活性，要选用条件温和的交换剂，如纤维素交换剂，而不能选用交换条件强烈的交换剂如磺酸型树脂等。例如待分离的蛋白等电点为4，稳定的pH范围为6~9，由于这时蛋白带负电，故应选择阴离子交换剂进行分离。强酸或强碱型离子交换剂适用的pH范围广，常用于分离一些小分子物质或在极端pH下的分离。由于弱酸型或弱碱型离子交换剂不易使蛋白质失活，故一般分离蛋白质等大分子物质常用弱酸型或弱碱型离子交换剂。

2. 交换剂的处理、转型与再生

离子交换剂在使用前必须进行处理，即将离子交换剂先用蒸馏水浸透使之充分吸水膨胀，并用无离子水洗至澄清，以去除漂浮物及杂质等。然后用酸和碱分别处理，以去除某些不溶物。如离子交换树脂的处理方法是：先用4倍量的2mol/L HCl浸泡4h以上，除去酸液，用无离子水洗至中性。再加4倍量的2mol/L NaOH浸泡4h以上，除去碱液，再用无离子水洗至中性备用。离子交换纤维素则用0.5mol/L NaOH和0.5mol/L HCl处理。离子交换葡聚糖凝胶一般不用酸碱处理，使用前需在中性溶液中完全膨胀（室温1~2d，沸水浴2h）。处理过程中不需去除细小颗粒，避免强烈的搅拌，清洗时最好用布氏漏斗除滤液，代替倾注法以减少损失。

离子交换剂的再生是指对使用过的离子交换剂进行处理，使其恢复原来性状的过程。前面介绍的酸碱交替浸泡的处理方法就可以使离子交换剂再生。但离子交换树脂不一定要用酸和碱处理，即只要"转型"就可以了。离子交换剂的转型是指离子交换剂由一种平衡离子转为另一种平衡离子的过程，即使用时希望树脂带上何种离子。如希望树脂带Na^+，则用NaOH处理，如希望树脂带H^+，则用HCl处理；如对阴离子交换剂用HCl处理可将其转为Cl型，用NaOH处理可转为OH型，用甲酸钠处理可转为甲酸型等。总之，对离子交换剂的处理、再生和转型的目的是一致的，都是为了使离子交换剂带上所需的平衡离子，因此，最后的处理即是转型处理，不论转为何型，前后都要用无离子水洗至中性（若最后一步用碱处理，水洗至流出液pH<8，用酸处理的，水洗的流出液pH>6即可）。

3. 装柱

首先应将柱放垂直，在柱内装入1/3的溶液，然后将处理好的交换剂用溶液稀释，一边搅拌一边加入柱内，使交换剂均匀沉降，至交换柱高1cm左右，打开下口，使溶液慢慢流出，同时不断加入搅匀的交换剂，直至达到要求的柱高为止。装好的柱要求没有明显的分界线，不能有气泡，柱床面要平坦。装好的柱床面上要保持一层溶液，以防空气进入。

4. 样品上柱

装柱完毕后，用所需的缓冲液平衡，上样时应把柱面上的溶液放出，至液面与柱床面相同高度，用滴管加入样品，打开下口，使样品进入柱床，当样品液与柱床面相平时，用少量缓冲液洗管壁，这样使样品全部进入柱内，以防止出现拖尾现象。

5. 洗脱

一般是根据所用洗脱液比吸附物质具有更活泼的离子或基团，从而把吸附物质顶替出来，利用此原则选择各种洗脱液。洗脱液是由不同离子强度和不同 pH 的缓冲液组成。用以分离样品的不同组分。洗脱方式主要有分步洗脱（或分段洗脱）和连续梯度洗脱法。

（1）分步洗脱法 预先配置不同离子强度的缓冲溶液。分段换用离子强度由低到高、pH 相同或不同的洗脱液以洗脱生物大分子的各种组分。

（2）梯度洗脱法 早期采用两个直径相同底部相通的大型容器，将离子强度低的缓冲溶液放入一容器（混合瓶）中，其下端装有一个搅拌器，并连接到色谱柱的顶端。另一个容器存放离子强度较高的缓冲溶液。在洗脱过程中，因缓冲液由贮存瓶不断流入经搅拌器的混合瓶中，使流入色谱柱的洗脱液离子强度呈梯度增加而 pH 逐渐变化，这样可分管自动收集。人们已设计出了可以自动梯度洗脱的分离洗脱，具有非常好的重现性。

（四）离子交换层析的应用

离子交换层析的应用范围很广，主要有以下几个方面。

1. 水处理

离子交换层析是一种简单而有效的去除水中的杂质及各种离子的方法，聚苯乙烯树脂广泛的应用于高纯水的制备、硬水软化以及污水处理等方面。纯水的制备可以用蒸馏的方法，但要消耗大量的能源，而且制备量小、速度慢，也得不到高纯度。用离子交换层析方法可以大量、快速制备高纯水。一般是将水依次通过 H^+ 型强阳离子交换剂，去除各种阳离子及与阳离子交换剂吸附的杂质；再通过 OH^- 型强阴离子交换剂，去除各种阴离子及与阴离子交换剂吸附的杂质，即可得到纯水。再通过弱型阳离子和阴离子交换剂进一步纯化，就可以得到纯度较高的纯水。离子交换剂使用一段时间后可以通过再生处理重复使用。

2. 分离纯化小分子物质

离子交换层析也广泛的应用于无机离子、有机酸、核苷酸、氨基酸、抗生素等小分子物质的分离纯化。例如对氨基酸的分析，使用强酸性阳离子聚苯乙烯树脂，将氨基酸混合液在 pH2 ~ 3 上柱。这时氨基酸都结合在树脂上，再逐步提高洗脱液的离子强度和 pH，这样各种氨基酸将以不同的速度被洗脱下来，可以进行分离鉴定。目前已有全部自动的氨基酸分析仪。

3. 分离纯化生物大分子物质

离子交换层析是依据物质的带电性质的不同来进行分离纯化的，是分离纯化蛋白质等生物大分子的一种重要手段。由于生物样品中蛋白的复杂性，一般很难只经过一次离子交换层析就达到高纯度，往往要与其它分离方法配合使用。使用离子交换层析分离样品要充分利用其按带电性质来分离的特性，只要选择合适的条件，通过离子交换层析可以得到较满意的分离效果。

四、凝胶层析

凝胶层析（gel chromatography）又称为凝胶排阻层析（gel exclusion chromatography）、分子筛层析（molecular sieve chromatography）、凝胶过滤（gel filtration）、凝胶渗透层析（gel permeation chromatography）等。它是以多孔性凝胶填料为固定相，按分子大小顺序分离样品中各个组分的液相色谱方法。1959 年，Porath 和 Flodin 首次用一种多孔聚合物——交联葡聚糖凝胶作为柱填料，分离水溶液中不同相对分子质量的样品，称为凝胶过滤。1964 年，Moore 制备了具有不同孔径的交联聚苯乙烯凝胶，称为凝胶渗透层析（流动相为有机溶剂的凝胶层析一般称为凝胶渗透层析）。随后这一技术得到不断的完善和发展，目前广泛的应用于生物化学、高分子化学等很多领域。

凝胶层析是生物化学中一种常用的分离手段，它具有设备简单、操作方便、样品回收率高、实验重复性好、特别是不改变样品生物学活性等优点，因此广泛用于蛋白质（包括酶）、核酸、多糖等生物分子的分离纯化，同时还应用于蛋白质相对分子质量的测定、脱盐、样品浓缩等。

（一）凝胶层析的基本原理

凝胶层析是依据分子大小这一物理性质进行分离纯化的。凝胶层析的固定相是惰性的珠状凝胶颗粒，凝胶颗粒的内部具有立体网状结构，形成很多孔穴。当含有不同分子大小的组分的样品进入凝胶层析柱后，各个组分就向固定相的孔穴内扩散，组分的扩散程度取决于孔穴的大小和组分分子大小。比孔穴孔径大的分子不能扩散到孔穴内部，完全被排阻在孔外，只能在凝胶颗粒外的空间随流动相向下流动，它们经历的流程短，流动速度快，所以首先流出；而较小的分子则可以完全渗透进入凝胶颗粒内部，经历的流程长，流动速度慢，所以最后流出；而分子大小介于二者之间的分子在流动中部分渗透，渗透的程度取决于它们分子的大小，所以它们流出的时间介于二者之间，分子越大的组分越先流出，分子越小的组分越后流出。这样样品经过凝胶层析后，各个组分便按分子从大到小的顺序依次流出，从而达到了分离的目的。

（二）凝胶层析的基本概念

1. 外水体积、内水体积、基质体积、柱床体积、洗脱体积

如图 4-1 所示，外水体积（V_o）是指凝胶柱中凝胶颗粒周围空间的体积，也就是凝胶颗粒间液体流动相的体积。内水体积（V_i）是指凝胶颗粒中孔穴的体积，凝胶层析中固定相体积就是指内水体积。基质体积（V_g）是指凝胶颗粒实际骨架体积。而柱床体积（V_t）就是指凝胶柱所能容纳的总体积。洗脱体积是指将样品中某一组分洗脱下来所需洗脱液的体积。我们设柱床体积为 V_t，外水体积为 V_o，内水体积为 V_i，基质体积为 V_g，则有：

$$V_t = V_o + V_i + V_g$$

由于 V_g 相对很小，可以忽略不计，则有：$V_t = V_o + V_i$

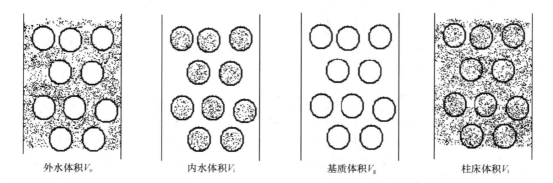

外水体积V_o 　　内水体积V_i 　　基质体积V_g 　　柱床体积V_t

图 4-1　凝胶层析柱各种体积示意图（阴影部分）

　　设洗脱体积为V_e，V_e一般是介于V_o和V_t之间的。对于完全排阻的大分子，由于其不进入凝胶颗粒内部，而只存在于流动相中，故其洗脱体积$V_e = V_o$；对于完全渗透的小分子，由于它可以存在于凝胶柱整个体积内（忽略凝胶本身体积V_g），故其洗脱体积$V_e = V_t$。相对分子质量介于二者之间的分子，它们的洗脱体积也介于二者之间。有时可能会出现$V_e > V_t$，这是由于这种分子与凝胶有吸附作用造成的。凝胶层析中的几种洗脱峰如图 4-2 所示。

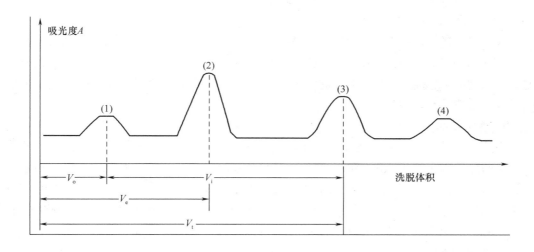

图 4-2　凝胶层析洗脱曲线示意图
（1）完全排阻的大分子　（2）中等分子　（3）完全渗透的小分子　（4）吸附分子

　　柱床体积V_t可以通过加入一定量的水至层析柱预定标记处，然后测量水的体积来测定。外水体积V_o可以通过测定完全排阻的大分子物质的洗脱体积来测定，一般常用蓝色葡聚糖-2000 作为测定外水体积的物质。因为它的相对分子质量大（为 200 万），在各种型号的凝胶中都被排阻，并且它呈蓝色，易于观察和检测。

2. 分配系数

分配系数是指某个组分在固定相和流动相中的浓度比。对于凝胶层析，分配系数实质上表示某个组分在内水体积和在外水体积中的浓度分配关系。在凝胶层析中，分配系数通常表示为：

$$K_{av} = \frac{V_e - V_o}{V_t - V_o}$$

前面介绍了 V_t 和 V_o 都是可以测定的，所以测定了某个组分的 V_e 就可以得到这个组分的分配系数。对于一定的层析条件，V_t 和 V_o 都是恒定的，大分子先被洗脱出来，V_e 值小，K_{av} 值也小。而小分子后被洗脱出来，V_e 值大，K_{av} 值也大。对于完全排阻的大分子，$V_e = V_o$，故 $K_{av} = 0$。而对于完全渗透的大分子，$V_e = V_t$，故 $K_{av} = 1$。一般 K_{av} 值在 $0 \sim 1$，如 K_{av} 值大于 1，则表示这种物质与凝胶有吸附作用。

对于某一型号的凝胶，在一定的相对分子质量范围内，各个组分的 K_{av} 与其相对分子质量的对数成线性关系：

$$K_{av} = -b \lg M_W + c$$

式中　　b、c——常数；

　　　　M_W——物质的相对分子质量。

另外由于 V_e 和 K_{av} 也成线性关系，所以同样有：

$$V_e = -b' \lg M_W + c'$$

式中　　b'、c'——常数。

这样我们通过将一些已知相对分子质量的标准物质在同一凝胶柱上以相同条件进行洗脱，分别测定 V_e 或 K_{av}，并根据上述的线性关系绘出标准曲线，然后在相同的条件下测定未知物的 V_e 或 K_{av}，通过标准曲线即可求出其相对分子质量。这就是凝胶层析测定相对分子质量的基本原理。

3. 排阻极限

排阻极限是指不能进入凝胶颗粒孔穴内部的最小分子的相对分子质量。所有大于排阻极限的分子都不能进入凝胶颗粒内部，直接从凝胶颗粒外流出，所以它们同时被最先洗脱出来。排阻极限代表一种凝胶能有效分离的最大相对分子质量，大于这种凝胶的排阻极限的分子用这种凝胶不能得到分离。例如 Sephadex G-50 的排阻极限为 30000，它表示相对分子质量大于 30000 的分子都将直接从凝胶颗粒之外被洗脱出来。

4. 分级分离范围

分级分离范围表示一种凝胶适用的分离范围，对于相对分子质量在这个范围内的分子，用这种凝胶可以得到较好的线性分离。例如 Sephadex G-75 对球形蛋白的分级分离范围为 3000~70000，它表示相对分子质量在这个范围内的球形蛋白可以通过 Sephadex G-75 得到较好的分离。应注意，对于同一型号的凝胶，球形蛋白与线形蛋白的分级分离范围是不同的。

5. 吸水率和床体积

吸水率是指 1g 干的凝胶吸收水的体积或者重量，但它不包括颗粒间吸附的水分。所以它不能表示凝胶装柱后的体积。而床体积是指 1g 干的凝胶吸水后的最终体积。

6. 凝胶颗粒大小

层析用的凝胶一般都呈球形，颗粒的大小通常以目数（mesh）或者颗粒直径（μm）来表示。柱子的分辨率和流速都与凝胶颗粒大小有关。颗粒大，流速快，但分离效果差；颗粒小，分离效果较好，但流速慢。一般常用的是 100~200 目。

（三）凝胶的种类和性质

凝胶的种类很多，常用的凝胶主要有葡聚糖凝胶（sephadex）、聚丙烯酰胺凝胶（polyacrylamide）、琼脂糖凝胶（agarose）以及聚丙烯酰胺和琼脂糖之间的交联物。另外还有多孔玻璃珠、多孔硅胶、聚苯乙烯凝胶等。下面将分别介绍。

1. 葡聚糖凝胶

葡聚糖凝胶是指由天然高分子——葡聚糖与其它交联剂交联而成的凝胶。葡聚糖凝胶主要由 Pharmacia Biotech 生产。常见的有两大类，商品名分别为 Sephadex 和 Sephacryl。

葡聚糖凝胶中最常见的是 Sephadex 系列，它是葡聚糖与 3 - 氯 - 1，2 环氧丙烷（交联剂）相互交联而成，交联度由环氧氯丙烷的百分比控制。Sephadex 的主要型号是 G - 10 ~G - 200，后面的数字是凝胶的吸水率（单位是 mL/g 干胶）乘以 10。如 Sephadex G - 50，表示吸水率是 5mL/g 干胶。Sephadex 的亲水性很好，在水中极易膨胀，不同型号的 Sephadex 的吸水率不同，它们的孔穴大小和分离范围也不同。数字越大的，排阻极限越大，分离范围也越大。Sephadex 中排阻极限最大的 G - 200 为 6×10^5。Sephadex 在水溶液、盐溶液、碱溶液、弱酸溶液以及有机溶液中都是比较稳定的，可以多次重复使用。Sephadex 稳定工作的 pH 一般为 2 ~ 10。强酸溶液和氧化剂会使交联的糖苷键水解断裂，所以要避免 Sephadex 与强酸和氧化剂接触。Sephadex 在高温下稳定，可以煮沸消毒，在 100 ℃ 下 40min 对凝胶的结构和性能都没有明显的影响。Sephadex 由于含有羟基基团，故呈弱酸性，这使得它有可能与分离物中的一些带电基团（尤其是碱性蛋白）发生吸附作用。但在离子强度大于 0.05 的条件下，几乎没有吸附作用。所以在用 Sephadex 进行凝胶层析实验时常使用一定浓度的盐溶液作为洗脱液，这样就可以避免 Sephadex 与蛋白发生吸附，但应注意如果盐浓度过高，会引起凝胶柱床体积发生较大的变化。Sephadex 有各种颗粒大小（一般有粗、中、细、超细）可以选择，一般粗颗粒流速快，但分辨率较差；细颗粒流速慢，但分辨率高。要根据分离要求来选择颗粒大小。Sephadex 的机械稳定性相对较差，它不耐压，分辨率高的细颗粒要求流速较慢，所以不能实现快速而高效的分离。

2. 聚丙烯酰胺凝胶

聚丙烯酰胺凝胶是丙烯酰胺（acrylamide）与甲叉双丙烯酰胺交联而成。改变丙烯酰胺的浓度，就可以得到不同交联度的产物。聚丙烯酰胺凝胶主要由 Bio - Rad Laboratories 生产，商品名为 Bio - Gel P，主要型号有 Bio - Gel P - 2 ~Bio - Gel P - 300 等 10 种，后面的数字代表它们的排阻极限的 10^{-3}，所以数字越大，可分离的分子质量也就越大。聚丙烯酰胺凝胶的分离范围、吸水率等性能基本近似于 Sephadex。排阻极限最大的 Bio - Gel P - 300 为 4×10^5。聚丙烯酰胺凝胶在水溶液、一般的有机溶液、盐溶液中都比较稳定。聚丙烯酰胺凝胶在酸中的稳定性较好，在 pH 1 ~ 10 比较稳定。但在较强的碱性条件下或较高的温度下，聚丙烯酰胺凝胶易发生分解。聚丙烯酰胺凝胶非常亲水，基本不带电荷，所以吸附效应较小。另外，聚丙烯酰胺凝胶不会像葡聚糖凝胶和琼脂糖凝胶那样可能生长微生物。聚丙烯酰胺凝胶对芳香族、酸性、碱性化合物可能略有吸附作用，使用离子强度略高的洗脱液就可以避免。

3. 琼脂糖凝胶

琼脂糖是从琼脂中分离出来的天然线性多糖，它是琼脂去掉其中带电荷的琼脂胶得到的。琼脂糖是由 D – 半乳糖（D – galactose）和 3，6 – 脱水半乳糖（anhydrogalactose）交替构成的多糖链。它在 100 ℃ 时呈液态，当温度降至 45 ℃ 以下时，多糖链以氢键方式相互连接形成双链单环的琼脂糖，经凝聚即成为束状的琼脂糖凝胶。琼脂糖凝胶的商品名因生产厂家不同而异，常见的主要有 Pharmacia Biotech 生产的 Sepharose（2B ~4B）和 Bio – Rad Laboratories 生产的 Bio – gel A 等。琼脂糖凝胶在 pH 为 4 ~ 9 是稳定的，它在室温下很稳定，稳定性要超过一般的葡聚糖凝胶和聚丙烯酰胺凝胶。琼脂糖凝胶对样品的吸附作用很小。另外琼脂糖凝胶的机械强度和孔穴的稳定性都很好，一般好于前两种凝胶，在高盐浓度下，柱床体积一般不会发生明显变化，使用琼脂糖凝胶时洗脱速度可以比较快。琼脂糖凝胶的排阻极限很大，分离范围很广，适合于分离大分子物质，但分辨率较低。琼脂糖凝胶不耐高温，使用温度以 0 ~ 30 ℃ 为宜。

4. 聚丙烯酰胺和琼脂糖交联凝胶

这类凝胶是由交联的聚丙烯酰胺和嵌入凝胶内部的琼脂糖组成。它们主要由 LKB 提供，商品名为 Ultragel。这种凝胶由于含有聚丙烯酰胺，所以有较高的分辨率；而它又含有琼脂糖，这使得它又有较高的机械稳定性，可以使用较高的洗脱速度。调整聚丙烯酰胺和琼脂糖的浓度可以使 Ultragel 有不同的分离范围。

5. 多孔硅胶、多孔玻璃珠

多孔硅胶和多孔玻璃珠都属于无机凝胶。顾名思义，它们就是将硅胶或玻璃制成具有一定直径的网孔状结构的球形颗粒。这类凝胶属于硬质无机凝胶，它们的最大的特点是机械强度很高、化学稳定性好，使用方便而且寿命长，无机胶一般柱效较低，但用微粒的多孔硅胶制成的 HPLC 柱也可以有很高的柱效，可以达到 4×10^4 塔板/m。多孔玻璃珠易破碎，不能填装紧密，所以柱效相对较低。多孔硅胶和多孔玻璃珠的分离范围都比较宽，多孔硅胶一般为 10^2 ~ （5×10^6），多孔玻璃珠一般为 （3×10^3）~ （9×10^6）。它们的最大缺点是吸附效应较强（尤其是多孔硅胶），可能会吸附比较多的蛋白，但可以通过表面处理和选择洗脱液来降低吸附。另外它们也不能用于强碱性溶液，一般使用时 pH 应小于 8.5。

（四）操作方法

1. 凝胶的处理

为了获得合适的流速和良好的分离，凝胶粒子在使用前需经一定处理，主要是将凝胶的保存液更换到分离蛋白质的洗脱液中，对于 Sephadex 系列凝胶在使用前需充分地膨胀与浮选。

2. 装柱

取适当长度的色谱柱（G-200 选用 2.5cm×100cm），底部铺上尼龙网或玻璃丝，以不漏粒子为准。用缓冲液（如 PBS）饱和凝胶粒子，置室温 1h 后上柱。

自顶端倾注凝胶悬浮液时，应沿直插到管底的玻璃棒缓慢流入，以免产生气泡。为了防止分层，最好将凝胶悬液放于贮液瓶中，连续加入。

3. 柱填充的检查和 V_o 的测定

凝胶柱填装后用肉眼观察应均匀、无纹路、无气泡。另外通常可以采用一种有色的物质，如蓝色葡聚糖-2000、血红蛋白等上柱，观察有色区带在柱中的洗脱行为，以检测凝胶柱的均匀程度。如果色带狭窄、平整、均匀下降，则表明柱中的凝胶填装情况较好，可以使用；如果色带弥散、歪曲，则需重新装柱。另外值得一提的是，有时为了防止新凝胶柱对样品的吸附，可以用一些物质预先过柱，以消除吸附。

4. 加样

在加样时，为了不扰乱凝胶表面，可在顶部放上一层圆形滤纸或尼龙网，也可覆盖一层 Sephadex G-25（5mm 厚）的凝胶，样品要有一定的浓度和体积，通常为柱床体积的 1%~10%，浓度不宜超过 1%~4%。

5. 洗脱

洗脱剂多采用低离子强度的盐溶液，各种类型凝胶对流速要求不一。

6. 再生

样品洗脱完毕后，凝胶柱即已再生。一次装柱，可反复使用多次。因此，操作简便重复性高。

7. 保存

各种凝胶悬液加防腐剂或灭菌后，可置冰箱保存数月。防腐剂类型很多，最常用的有 0.02% 的叠氮化钠与 0.05% 的硫柳汞等，也可用高压蒸汽 0.1MPa，30min 灭菌。

（五）凝胶层析的应用

凝胶层析是一种快速简便的分离分析技术。由于设备简单、操作方便、不需有机溶剂、对高分子物质有很高的分离效果，广泛用于酶、蛋白质、氨基酸、核酸、核苷酸、多糖激素、抗生素、生物碱等物质的分离和提纯，也可用于蛋白质溶液的脱盐及高分子溶液的浓缩、蛋白质相对分子质量的测定等。

1. 生物大分子的纯化

凝胶层析是依据分子量的不同来进行分离的，由于它的这一分离特性，以及它具有简单、方便、不改变样品生物学活性等优点，使得凝胶层析成为分离纯化生物大分子的一种重要手段，尤其是对于一些大小不同，但理化性质相似的分子，用其他方法较难分开，而凝胶层析无疑是一种合适的方法。例如对于不同聚合程度的多聚体的分离等。

2. 相对分子质量测定

前面已经介绍了，在一定的范围内，各个组分的 K_{av} 以及 V_e 与其相对分子质量的对数成线性关系。

$$K_{av} = -b \lg M_W + c$$
$$V_e = -b' \lg M_W + c'$$

由此通过对已知相对分子质量的标准物质进行洗脱，作出 V_e 或 K_{av} 对相对分子质量对数的标准曲线，然后在相同的条件下测定未知物的 V_e 或 K_{av}，通过标准曲线即可求出其相对分子质量。凝胶层析测定相对分子质量操作比较简单，所需样品量也较少，是一种初步测定蛋白相对分子质量的有效方法。这种方法的缺点是测量结果的准确性受很多因素影响。由于这种方法假定标准物和样品与凝胶都没有吸附作用，所以如果标准物或样品与凝胶有一定的吸附作用，那么测量的误差就会比较大；上面公式成立的条件是蛋白基本是球形的，对于一些纤维蛋白等细长形状的蛋白不成立，所以凝胶层析不能用于测定这类分子的相对分子质量；另外由于糖的水合作用较强，所以用凝胶层析测定糖蛋白时，测定的相对分子质量偏大，而测定铁蛋白时则发现测定值偏小；还要注意的是标准蛋白和所测定的蛋白都要在凝胶层析的线性范围之内。

3. 脱盐及去除小分子杂质

利用凝胶层析进行脱盐及去除小分子杂质是一种简便、有效、快速的方法，它比透析的方法脱盐要快得多，而且一般不会造成样品较大的稀释，生物分子不易变性。一般常用的是 Sephadex G - 25，另外还有 Bio - Gel P - 6 DG 或 Ultragel AcA 202 等排阻极限较小的凝胶类型。目前已有多种脱盐柱成品出售，使用方便，但价格较贵。

4. 去热源物质

热源物质是指微生物产生的某些多糖、蛋白复合物等使人体发热的物质。它们是一类相对分子质量很大的物质，所以可以利用凝胶层析的排阻效应将这些大分子热源物质与其它相对分子质量较小的物质分开。例如对于去除水、氨基酸、一些注射液中的热源物质，凝胶层析是一种简单而有效的方法。

5. 溶液的浓缩

利用凝胶颗粒的吸水性可以对大分子样品溶液进行浓缩。例如将干燥的 Sephadex（粗颗粒）加入溶液中，Sephadex 可以吸收大量的水，溶液中的小分子物质也会渗透进入凝胶孔穴内部，而大分子物质则被排阻在外。通过离心或过滤去除凝胶颗粒，即可得到浓缩的样品溶液。这种浓缩方法基本不改变溶液的离子强度和 pH。

五、亲和层析

亲和层析（Affinity Chromatography）是利用生物分子间专一的亲和力而进行分离的一种层析技术。人们很早就认识到蛋白质、酶等生物大分子物质能和某些相对应的分子专一而可逆的结合，可以用于对生物分子的分离纯化。但由于技术上的限制，主要是没有合适的固定配体，所以在实验中没有广泛的应用。直到 20 世纪 60 年代末，溴化氰活化多糖凝胶并偶联蛋白质技术的出现，解决了配体固定化的问题，使得亲和层析技术得到了快速的发展。亲和层析是分离纯化蛋白质、酶等生物大分子最为特异而有效的层析技术，分离过程简单、快速，具有很高的分辨率，在生物分离中有广泛的应用。同时它也可以用于某些生物大分子结构和功能的研究。

（一）亲和层析的基本原理

生物分子间存在很多特异性的相互作用，如我们熟悉的抗原－抗体、酶－底物或抑制剂、激素－受体等，它们之间都能够专一而可逆的结合，这种结合力就称为亲和力。

亲和层析的分离原理简单地说就是通过将具有亲和力的两个分子中一个固定在不溶性基质上，利用分子间亲和力的特异性和可逆性，对另一个分子进行分离纯化。被固定在基质上的分子称为配体，配体和基质是共价结合的，构成亲和层析的固定相，称为亲和吸附剂。亲和层析时首先选择与待分离的生物大分子有亲和力物质作为配体，例如分离酶可以选择其底物类似物或竞争性抑制剂为配体，分离抗体可以选择抗原作为配体等。并将配体共价结合在适当的不溶性基质上，如常用的 Sepharose－4B 等。将制备的亲和吸附剂装柱平衡，当样品溶液通过亲和层析柱的时候，待分离的生物分子就与配体发生特异性的结合，从而留在固定相上；而其他杂质不能与配体结合，仍在流动相中，并随洗脱液流出，这样层析柱中就只有待分离的生物分子。通过适当的洗脱液将其从配体上洗脱下来，就得到了纯化的待分离物质。亲和层析所用体系见表4－2。

前面介绍的一些层析方法，如吸附层析、凝胶过滤层析、离子交换层析等都是利用各种分子间的理化特性的差异，如分子的吸附性质、分子大小、分子的带电性质等进行分离。由于很多生物大分子之间的这种差异较小，所以这些方法的分辨率往往不高。要分离纯化一种物质通常需要多种方法结合使用，这不仅使分离需要较多的操作步骤、较长的时间，而且使待分离物的回收率降低，也会影响待分离物质的活性。亲和层析是利用生物分子所具有的特异的生物学性质——亲和力来进行分离纯化的。由于亲和力具有高度的专一性，使得亲和层析的分辨率很高，是分离生物大分子的一种理想的层析方法。

亲和层析中，一对互相识别的分子互称对方为配体，如激素可认为是受体的配体，受体也可以认为是激素的配体。

表4－2　亲和层析所用体系

常用配体	分离对象
酶	底物、抑制剂、辅酶
抗体	抗原、病毒细胞
核酸	互补碱基序列、组蛋白、核酸聚合酶、结合蛋白
激素	受体、载体蛋白
细胞	细胞表面特异蛋白

（二）操作方法

亲和层析的分离方法随分离物质的不同而不同。一般的程序如下：选择配体→选择偶联的凝胶→偶联配体→装柱→平衡→上样→洗涤未结合的杂质→洗脱目标物质→样品。

1. 配体的选择

能与分离物质牢固、特异和可逆结合的物质都可以作为配体。选择配体有两个条件。第一，生物大分子与配体间具有合适的亲和力，亲和力太强，洗脱条件剧烈，易造成生物大分子失活，亲和力太小，结合率不高；第二，配体要具有双重功能，既有可牢固与载体结合的基团，结合后又不影响生物大分子与配体间的亲和力。

2. 载体的选择及与配体的偶联

对于一个成功的亲和色谱分离来说，一个重要的因素就是选择合适的固体载体。实践证明，琼脂糖凝胶和聚丙烯酰胺凝胶是亲和色谱的优良载体。琼脂糖凝胶结构开放，通过性好，酸碱处理时相当稳定，物理性能也好。琼脂糖凝胶上的羟基在碱性条件下极易被溴化氰活化成亚氨基碳酸盐，并能在温和的条件下，与氨基等基团作用而引入配体。亲和色谱中最常用的琼脂糖凝胶的型号是 Sepharose – 4B。在琼脂糖凝胶与溴化氰活化后，再与生物大分子结合形成亲和色谱填料，是亲和色谱中最常用的一种配体。

3. 装柱、上样

亲和色谱吸附剂制备好后，装入色谱柱中，色谱柱无特殊要求，常用短而粗的柱子。根据纯化物质的量、吸附能力来选择。吸附能力强的常用短柱。吸附能力弱的常用长一些的柱子。

样品为固体时，常用起始缓冲溶液溶解，若为液体，要通过透析等方法将溶液转化为起始缓冲溶液。上样量可根据柱子的吸附容量来推算，通常为吸附容量的 1/3 或更低，对吸附能力弱的物质，上样量按照吸附容量的 1/10 为佳。使用 10 倍柱体积的缓冲溶液将不结合的杂质清洗掉，获得最尖锐的洗脱峰和最小洗脱体积的流速为最佳流速。

4. 洗脱

从柱中洗脱目标产物是亲和色谱是否成功的关键。通常采用降低目标产物与配体之间的亲和力的方式进行洗脱。可以用一步法或连续改变洗脱剂浓度的方式，将目标产品洗脱下来。当蛋白质与配体间的作用力过强时，可以用一步法，甚至可用先让洗脱剂在柱子中停留半小时的办法。

改变 pH 同样也能改变配体与蛋白质间的作用力，因此，通过改变 pH 也是亲和色谱分离目标产物的一种方法。另一种方法是通过改变离子强度来洗脱目标产品，有时也用变性剂来洗脱目标产品。因此，亲和色谱分离目标产品的方法并不是一成不变的，可根据样品性质和自己的条件进行选择。

对于吸附得十分牢固的生物大分子，必须使用较强的酸或碱作为洗脱剂，或在洗脱液中加入破坏蛋白质的试剂，如脲、盐酸胍。这种洗脱方式往往造成不可逆的变化是使纯化的对象失去生物学活性，因此对于洗脱得到的蛋白质溶液应立即进行中和、稀释或透析。

六、高效液相色谱法

高效液相色谱（high performance liquid chromatography，HPLC）曾称高压液相色谱、高速液相色谱或简称液相色谱。它是在经典柱色谱法基础上于 20 世纪 60 年代中期才建立的一种高效快速分离化合物的方法，已广泛地应用在生物大分子的分离和纯化方面。在分离生物大分子时 HPLC 具有以下几个优点：

（1）分辨率高：一根长 10cm 的柱子可以分离十几种以上的物质。

（2）速度快：物质的分离与纯化一般在 1h 内就可以完成，甚至只需要几分钟时间，其流速一般为 1～10mL/min 或更高；

（3）重复性好：HPLC 在分析生物大分子时结果误差小于 5%；

（4）适用面广、灵活性强：几乎所有的生物大分子，根据它们的性质差别（等电点、疏水性、相对分子质量、电荷分布等）都可以使用不同的 HPLC 进行分离提纯，在一定的条件下还可以保持其高的生物活性，且极易回收；

（5）灵敏度高：HPLC 已广泛采用高灵敏的检测器，加上仪器本身集分离和富集于一身，使生物大分子的最小检测下限非常低。紫外一般可达 10^{-7} g，荧光可达 10^{-9} g。这些 HPLC 特有的优点使它在近年生物大分子的分离和纯化方面占据了极其重要的地位。

（一）HPLC 原理

HPLC 法的分离原理与经典色谱（即层析法）相同，主要是各种溶质在色谱柱中差速迁移的结果。这种差速迁移现象是样品在固定相和流动相之间分配不同所引起的。

按照分离机制，可将其分为：

（1）高效离子交换色谱（high performance ion – exchange chromatography，HPIEC）；

（2）高效反相色谱（high performance reverse – phase chromatography，HPRPC）；

（3）高效疏水作用色谱（high performance hydrophobic interaction liquid chromatography，HPHLC）；

（4）高效排阻色谱（high performance size exclusive liquid chromatography，HPSEC）；

（5）高效亲和色谱（high performance affinity liquid chromatography，HPAC）。

它们的主要特性见表 4 – 3。

表 4 – 3　生物大分子在不同 HPLC 上的分离机制及其与操作条件间的关系

色谱类型	分离机制	操作条件	
		固定相上的基团	流动相
HPIEC	静电作用和电荷分布	带电荷的阴、阳离子	盐水溶液
HPHIC	疏水作用	极性非极性相间	有机溶液（弱极性或非极性溶液）
HPRPC	疏水作用	非极性	有机溶剂、水
HPSEC	分子大小和形状	惰性	盐水或有机溶剂、水
HPAC	分子间特异的亲和力	亲和配体	盐水溶液

（二）高效液相色谱仪

高效液相色谱仪是 20 世纪 60 年代后期发展起来的一种分析仪器。设备中的基本部件有输液泵、色谱柱和检测器。为了能得心应手地工作，仪器应当适应多功能的要求，同时配有梯度装置、部分收集器、恒温系统、数据处理系统以及控制系统等部件。

1. 贮液装置

贮液装置是用来贮存足够数量的洗脱液，供分离物质之用。商品型是用不锈钢制成，常附有脱气设备，如搅拌、加热、抽真空、吹氮气等设备。自制时可用玻璃瓶代替。

2. 输液泵

输液泵是 HPLC 设备中重要的部件，是驱动溶剂和样品通过色谱分离柱和检测系统的高压源，其性能好坏直接影响整个仪器和分析结果的可靠性。种类较多，有恒压泵和恒流泵之分，应用较多的是恒流型复泵，最先进的是双柱塞复泵。

3. 梯度洗脱装置

梯度洗脱是利用两种或两种以上的溶剂，按照一定时间程序来改变配比浓度，以达到提高洗脱能力、改善分离效率的一种有效方法。梯度洗脱技术在高效液相色谱分离生物大分子中有很重要的实用价值，特别在分离多组分的生物大分子样品时，各组分的 K' 值（相对容量因子是指某物质分配平衡时在两相中绝对量之比）相差很大，很难用一种固定配比浓度的溶剂，获得良好的分离，无法将各组分的 K' 都控制在有效的范围内。采用梯度洗脱可以按一定程序，改变溶剂的极性和洗脱强度，使各组分 K' 值均可控制在最佳条件，不但能提高分离效果和改善峰形，而且可缩短分析时间。梯度洗脱中，后被洗脱的组分比它在相应的等浓度洗脱中的峰形更尖锐，因此检测的灵敏度更高。

4. 色谱柱

色谱柱是 HPLC 的核心部件，要求分离度高，柱容量大，分析速度快，而这些性能不仅与柱填料有关，也和它的结构、装填、使用技术有关。

理论上，色谱柱越长，柱的分离效果越好，但由于固定相的粒度对柱长产生了限制，在目前的条件下，只能保证 10～25cm 长柱子获得好的重现性和结果。色谱柱的内径国外常采用 4.6mm，国内常采用 5mm。随着色谱技术的发展，内径 2mm 的色谱柱已作为常用柱径，因为它可以获得与粗径色谱柱基本相同的分离效果，而其溶剂消耗量仅为 5mm 柱子的 1/6。

5. 进样器

待分析样品从柱前的进样器进样，方式有注射器进样、阀进样和自动进样器进样三种，其中注射器进样和阀进样最为常用。

6. 检测器

被分析的组分从柱子流出以后，该组分在流动相中的浓度的变化可通过检测器转化为电信号或光信号而被检出。检测器必须具有足够灵敏度，而且适应条件范围比较广泛。最常用的检测器如下：

（1）紫外吸收检测器　凡是有紫外吸收的化合物都可以使用。

（2）示差折光检测器　多用于脂质、糖类物质的测定，缺点是对温度特敏感。

（3）荧光检测器　是一种受干扰小、灵敏度很高的检测器。只要能在紫外光激发下发射荧光的溶质都可以使用，适用于各种氨基酸、胺类维生素、固醇化合物的测定。

（三）色谱方法的选择

待分离样品对色谱法的选择主要基于样品的物理化学特性及溶解度。对于一个未知样品，首先要大概了解它的分子大小，然后进一步试验其溶解性能。根据分子大小和溶解性能便可粗略地选定一种色谱法进行初分。

一般来说，吸附色谱法多适用于非极性样品，它的柱容量主要决定吸附剂表面的大小。离子交换色谱法和液—液分配色谱法多用于水溶性样品。柱容量分别决定于离子交换量和固定相中固定液的体积。凝胶过滤色谱法可根据填料的性能不同分别用于亲水和亲脂性样品。但以上选择也不能绝对化，如吸附色谱的填料经过特殊处理后也可以吸附很强的不溶性化合物，液—液分配色谱的正相和反相就可以分别用于分离极性和非极性化合物。关于对色谱方法的选择可结合有关色谱专业书籍参考选择。

（四）操作及注意事项

1. 进样前准备工作

各种溶剂一般要求新鲜配制，使用前要脱气处理，样品进样前，必须用流动相充分清洗柱平衡系统。样品用与流动相相同或互溶的溶剂完全溶解，进样前样品要用微孔过滤器过滤。

2. 洗脱

进样后洗脱条件常按事先计划好的溶剂程序进行。

3. 柱的清洗及保存

色谱分离完毕后，要用溶剂彻底清洗色谱柱，色谱柱用后存放时间过久也应定期清洗。

HPLC 法的应用，除了认真了解仪器的设计原理和各种色谱柱的性质、应用范围外，要真正掌握好这门技术，还要通过大量试验才能得心应手。目前国内外 HPLC 仪和色谱柱型号繁多，每个厂家对自己的产品都有比较详细说明和应用举例，只要遵守操作规则及结合有关色谱的原理加以具体运用，在短期内掌握仪器操作开展试验工作是不困难的。

第五章 电泳技术

第一节 电泳的基本原理和影响因素

一、基本原理

生物大分子如蛋白质、核酸等大多都含有阳离子和阴离子基团，称为两性离子。常以颗粒分散在溶液中，它们的静电荷取决于介质的 H^+ 浓度或与其他大分子的相互作用。在电场中，带电颗粒向阴极或阳极迁移，迁移的方向取决于它们带电的符号，这种迁移现象即电泳。

如果把生物大分子的胶体溶液放在一个没有干扰的电场中，使颗粒具有恒定迁移速率的驱动力来自于颗粒上的有效电荷 Q 和电位梯度 E。它们与介质的摩擦阻力 F 抗衡。在自由溶液中这种抗衡服从 Stokes 定律。

$$F = 6\pi r v \eta$$

这里 v 是在介质黏度为 η 中，半径为 r 的颗粒的移动速度。但在凝胶中，这种抗衡并不完全符合 Stokes 定律。F 取决于介质中的其他因子，如凝胶厚度、颗粒大小甚至介质的内渗等。

电泳迁移率 μ：规定为在电位梯度 E 的影响下，颗粒在时间 t 中的迁移距离 d。

$$M = \frac{d}{t \cdot E} 或 \mu = V/E$$

迁移率的不同提供了从混合物中分离物质的基础，迁移距离正比于迁移率。

二、影响迁移率的主要因素

1. 带电颗粒的性质

带电颗粒的性质是指电荷数量、颗粒大小及形状。一般来说，颗粒带净电荷多，直径小而近于球形，则泳动速度快，反之则慢。迁移率与分子的形状、介质黏度、颗粒所带电荷有关。其与颗粒表面电荷成正比，与介质黏度及颗粒半径成反比。然而在实际电泳中，带电颗粒的迁移率总是比在理想的稀溶液中要低些。因为电泳中使用的是具有一定浓度的缓冲溶液。带电荷的生物分子在电解质缓冲溶液中将带有相反电荷的离子吸引到其周围，形成一离子扩散层。在电场中，当颗粒向相反电极移动时，离子扩散层所带的过剩电荷向粒子泳动的反方向移动，结果，颗粒与离子扩散层之间的静电引力使颗粒的泳动速度减慢。另外，分子颗粒表面有一层水，在电场影响下，它与颗粒一起移动，可以认为是颗粒的一部分。

设一带电分子在电场中所受的力为 F，F 的大小取决于质点所带电荷 Q 和电场强度 E，即 $F = Q \cdot E$。根据 Stokes 定律，一球形的分子运动时受的阻力 F' 与分子运动的速度 V、分子的半径 r、介质的黏度 η 的关系为：$F' = 6\pi r \eta v$

当 $F = F'$ 时，即达到动态平衡时：$EQ = 6\pi r \eta v$

移项得

$$v/E = Q/6\pi r \eta v \tag{1}$$

当 v/E 表示带电分子在单位电场强度下运动速度，移为迁移率，也称为电泳速度，以 μ 表示，即

$$\mu = v/E = Q/6\pi r \eta v \tag{2}$$

由式（2）可见，一个带电分子的迁移率不仅取决于其本身所带的电荷，而且还与电场强度、介质的 pH、离子强度、黏度、电渗等因素有关。

2. 电场强度

电场强度是指每一厘米支持物上的电势差，也称电势梯度。根据欧姆定律可知，电流 I 与电压 V 成正比。在电泳过程中，溶液中的电流完全由缓冲液和样品离子来传导，因此迁移率与电流成正比。由此可知，电场强度越高，带电颗粒的泳动速度越快，反之则越慢。以纸电泳为例，滤纸长 15cm，两端电势差为 150V，则电场强度为 150V/15cm = 10V/cm。如两端电势差不变，滤纸长度缩短为 5cm，电场强度则为 150V/5cm = 30V/cm，泳动速度将大大加快。不过，电场强度越大或支持物越短，电流将随之增加，产热也增加，影响分离效果。在进行高压电泳时必须用冷却装置，否则可引起蛋白质等样品发生热变性而无法分离。

根据电场强度大小，可将电泳分为常压电泳和高压电泳。前者的电压在 100 ~ 500V，电场强度一般是 2 ~ 10V/cm，分离时间需数小时至数天；后者电压可高达 500 ~ 1000V，电场强度在 20 ~ 2000V/cm，电泳时间短，有时仅几分钟即可，主要用于分离氨基酸、肽、核苷酸。由于电压升高，电流也随之增大，故需冷却装置。

3. 溶液的 pH

溶液的 pH 决定了带电颗粒解离的程度，也决定了物质所带净电荷的多少。对于蛋白质、氨基酸等两性电解质而言，溶液 pH 离等电点越远，颗粒所带净电荷越多，电泳速度越快，反之则越慢。因此，当要分离一种蛋白质混合物时，应选择一种能使各种蛋白质所带电荷量差异明显的 pH，以利于各种蛋白质分子的解离。为了保证电泳过程中溶液的 pH 恒定，必须采用缓冲溶液。

4. 溶液的离子强度

离子强度如果过低，缓冲液的缓冲容量小，不易维持 pH 恒定；离子强度过高，则会降低蛋白质的带电量，使电泳速度减慢。所以选择离子强度时要两者兼顾，一般离子强度的选择范围在 0.02 ~ 0.2。

溶液中离子强度的计算方法如下：

$$I = 1/2 \sum c_i z_i^2$$

式中　I——离子强度；

　　　c_i——离子的浓度；

z_i——离子的价数。

例1：0.154mol/L NaCl 溶液的离子强度为：

$$I = 1/2 \ (0.154 \times 1^2 + 0.154 \times 1^2) \ = 0.154$$

例2：0.015mol/L Na_2SO_4 溶液的离子强度为：

$$I = 1/2 \ (0.015 \times 2 \times 1^2 + 0.015 \times 2^2) \ = 0.045$$

5. 电渗作用

有的支持介质（如纸和淀粉胶等）具有电渗作用，电渗作用是指在电场中，液体对固体支持物的相对移动。例如在纸电泳中，由于滤纸的纤维素带负电荷，因感应作用而使与滤纸相接触的水溶液带正电荷，因此带正电荷的液体就带着溶解于其中的物质移向负极，从而加快了阳离子的前进，阻滞了阴离子的移动。如果样品原本是移向负极的，则泳动的速度加快；如原本是移向正极的，则速度降低。所以，电泳时颗粒的泳动速度取决于颗粒本身的泳动速度和缓冲液的电渗作用。醋酸纤维素薄膜或聚丙烯酰胺凝胶的电渗作用比纸和淀粉胶小得多。

三、电泳的分类

电泳技术常以有无支持物来分类。电泳中不用支持物，直接在溶液中进行的电泳称为自由电泳；反之，有支持物的电泳称为区带电泳。在区带电泳中根据所用支持物的不同常有不同的名称。

1. 按支持物的物理性状不同分

（1）滤纸及其它纤维纸电泳；

（2）粉末电泳　如纤维素粉、淀粉电泳；

（3）凝胶电泳　如琼脂、琼脂糖、聚丙烯酰胺凝胶电泳；

（4）丝线电泳如尼龙丝、人造丝电泳。

2. 按支持物的装置形式不同分为

（1）平板式电泳　支持物水平放置，最常用；

（2）垂直板式电泳　聚丙烯酰胺凝胶可做成垂直板式电泳；

（3）垂直柱式电泳　聚丙烯酰胺盘状电泳属于此类。

3. 按 pH 的连续性不同分为

（1）连续 pH 电泳　在整个电泳过程中 pH 保持不变，常用的纸电泳、醋酸纤维素薄膜电泳等属于此类；

（2）非连续 pH 电泳　缓冲液和电泳支持物间有不同的 pH，如聚丙烯酰胺凝胶盘状电泳，它能使待分离的蛋白质在电泳过程中产生浓缩效应，详细机理见后。

等电聚焦电泳（Electrofocusing）也可称为非连续 pH 电泳，它利用人工合成的两性电解质（一种脂肪族多胺基多羧基化合物，商品名 ampholin）在通电后形成一定的 pH 梯度。被分离的蛋白质停留在各自的等电点而成分离的区带。

各种电泳技术具有以下特点：①凡是带电物质均可应用某一电泳技术进行分离，并可进行定性或定量分析；②样品用量极少；③设备简单；④可在常温进行；⑤操作简便省时；⑥分辨率高。目前电泳技术已经广泛应用于基础理论研究、临床诊断及工业制造等方面。例如用醋酸纤维薄膜电泳分析血清蛋白；用琼脂对流免疫电泳分析病人血清，为原发性肝癌的早期诊断提供依据；用高压电泳研究蛋白质、核酸的一级结构；用具有高分辨率的凝胶电泳分离酶、蛋白质、核酸等大分子的研究工作，对生物化学与分子生物学的发展起了重要作用。

第二节　常用电泳操作技术

一、醋酸纤维薄膜电泳

醋酸纤维薄膜（CAM）是一种由醋酸纤维加工制成的一种细密且薄的微孔膜。根据其乙酰化程度、厚度、孔径和网状结构等方面不同而具有不同类型。现已广泛应用于各种生物分子的分离分析中，如血清蛋白、血红蛋白、球蛋白、脂蛋白、糖蛋白、甲胎蛋白、类固醇及同工酶等。它具有简单快速等优点：①电泳区带界限清晰；②通电时间较短（20~60min）；③对各种蛋白质基本无吸附，因此无拖尾现象；④不吸附染料，因此薄膜上未与蛋白质结合的染料可完全洗掉，使电泳区带背景干净。

电泳须在密闭容器中使用较低电流进行，因薄膜吸水量较低，可避免过分蒸发。其电渗作用虽高但很均一，不影响样品分离效果。不足之处是分辨率比聚丙烯酰胺凝胶电泳低，由于薄膜厚度小（10~100μm），样品用量很少，不适于制备。

电泳结果不满意或失败的可能原因有：①醋酸纤维素薄膜过分干燥出现白斑、膜弯曲、表面缓冲液过多；②缓冲溶液浓度过高或使用次数太多，时间过长而改变浓度；③样品量太多、加样不整齐、起始位置错误；④电泳时间过长或过短、电泳槽密闭性不好、电流太大、温度过高；⑤染色液连续使用次数过多，pH改变。

二、琼脂糖凝胶电泳

琼脂糖是从琼脂中提取出来的，是由D-半乳糖和3、6-脱水-L-半乳糖结合的链状多糖，含硫酸根比琼脂少，因而分离效果明显提高。

琼脂糖电泳具有以下优点：①琼脂糖含液体量大，可达98%~99%，近似自由电泳，但样品的扩散度比自由电泳小，对蛋白质的吸附极微；②琼脂糖作为支持体有均匀、区带整齐、分辨率高、重复性好等优点；③电泳速度快；④透明而不吸收紫外线，可以直接用紫外检测仪作定量测定；⑤区带可染色，样品易回收，有利于制备。缺点是琼脂糖中有较多硫酸根，电渗作用大。

缓冲液的选用：琼脂糖电泳常用缓冲液的pH在6~9，离子强度为0.02~0.05。离子强度过高时，会有大量电流通过凝胶而产生热量，使凝胶水分蒸发，析出盐结晶。严重的可使凝胶断裂，电流中断。常用缓冲液有硼酸盐缓冲液与巴比妥缓冲液。为防止电泳时两极缓冲液槽内pH和离子强度改变，可在每次电泳后合并两极槽内的缓冲液混匀后再使用。

琼脂糖凝胶电泳广泛应用于蛋白质、核酸等生物大分子的分离、纯化和鉴定及抗原抗体反应的分析、抗体的分离等。其种类较多，如高压琼脂糖免疫电泳，定量免疫电泳

（火箭免疫电泳，双向免疫电泳）等。

三、聚丙烯酰胺凝胶电泳

聚丙烯酰胺凝胶电泳是以聚丙烯酰胺凝胶作为载体的一种区带电泳，这种凝胶由丙烯酰胺（简称 Acr）和交联剂 N，N' – 甲叉基（亚甲基）双丙烯酰胺（简称 Bis）聚合而成。

聚丙烯酰胺凝胶具有机械强度好、弹性大、透明、化学稳定性高、无电渗作用、设备简单、用样量少（1~100μg）和分辨率高等优点。并可通过控制单体浓度或单体与交联剂的比例聚合成孔径大小不同的凝胶，可用于蛋白质、核酸等物质的分离、定性和定量分析。还可结合去垢剂十二烷基硫酸钠（SDS），以测定蛋白质相对分子质量。

根据凝胶形状可分为盘状电泳和板状电泳。盘状电泳是在直立的玻璃管内，利用不连续的缓冲液的 pH 进行电泳，同时，由于样品混合物被分开后形成的区带非常窄，呈圆盘状，故而得名。板状电泳（垂直或水平）是将丙烯酰胺聚合成方形或长方形平板状，平板大小和厚度视实验需要而定。垂直平板电泳有如下优点：①表面积大，易于冷却，便于控制温度；②能在同一凝胶板上，相同操作条件下，同时点加多个样品，便于相互比较；③一个样品在第一次电泳后，可将平板转 90 度进行第二次电泳即双向电泳；④便于用各种方法鉴定（如放射自显影等）。其缺点是制备凝胶时操作较复杂，电压较高，电泳时间较长。

聚丙烯酰胺凝胶电泳是根据蛋白质分子（或其它生物大分子）所带电荷的差异及分子大小的不同所产生的不同迁移率而分离成若干条区带。然而有时两个相对分子质量不同的蛋白质，由于其分子大小的差异，被它们所带电荷的差别补偿而以相同的速度向阳极移动，因而不能达到分离的目的。1967 年 Shapiro 等发现阴离子去污剂十二烷基硫酸钠（SDS）可消除电泳中蛋白质的电荷因素，这样蛋白质的电泳迁移率完全取决于分子的大小，因而可以用电泳技术测定蛋白质的相对分子质量。电泳时，将足够量的 SDS 和巯基乙醇加入蛋白质样品溶液中，可使蛋白质分子中的二硫键还原。由于十二烷基硫酸根带负电荷，可使所有蛋白质 – SDS 复合物带上相同密度的负电荷，其量大大超过蛋白质分子原有的电荷量，因而掩盖了不同种蛋白质原有的电荷差别。另外，SDS 与蛋白质结合后还可引起构象改变。蛋白质 – SDS 复合物近似"雪茄烟"形的长圆棒，不同蛋白质的 SDS 复合物的短轴长度都一样，约为 1.8cm。

因此在电泳中，蛋白质的迁移率不再受电荷和形状的影响，而取决于相对分子质量的大小。SDS – 聚丙烯酰胺凝胶电泳测蛋白质相对分子质量，必须先作一个以已知蛋白质相对分子质量迁移率为横坐标，以已知蛋白质相对分子质量对数为纵坐标的标准曲线。然后把未知相对分子质量的蛋白质样品在同样的条件下电泳，测出其迁移率。再从图中求出未知蛋白质样品的相对分子质量。由于用这种方法测蛋白质相对分子质量简便、快速、精确度高（一般误差在 ±10% 以内），近来已得到非常广泛的应用。

四、免疫电泳

免疫电泳是在凝胶电泳与凝胶扩散试验基础上发展起来的一项化学技术。它是一种特异性的沉淀反应，敏感性较高，每种抗原可以和相应抗体起反应，呈现一条乳白色的沉淀弧线。它不仅可以测定混合物中组分的数目，而且还可以利用各组分的电泳迁移率结合免疫特异性及化学性质和酶的活力等来确定混合物中各组分的性质。

将待检可溶性物质（抗原）在琼脂板上进行电泳分离，由于各种可溶性蛋白质分子的颗粒大小、质量与所带电荷的不同，在电场作用下，其带电分子的运动速度（迁移率）具有一定的规律。因此通过电泳能把混合物中的各种不同成分分离开来。当电泳完毕后，在琼脂板一定的位置上挖一条长的槽，加入相应的抗血清，然后进行双向扩散。在琼脂板中抗原和抗体互相扩散。当两者相遇且比例适合时。就形成了不溶性的抗原抗体复合物。出现乳白色的特异性沉淀弧线。可以根据出现的沉淀弧线数目来初步判定混合物中抗原的数量。一种好的抗血清应出现较清晰、特异性的沉淀弧线。沉淀弧线的位置取决于抗原和抗体两种反应物的分子质量、比率和扩散速度。当抗原扩散速度慢时，沉淀弧线弯曲度大，其位置靠近移动轴。反之当抗原扩散率较快时，弧度较平，其位置离开移动轴。

五、等电聚焦电泳

等电聚焦电泳（IEF）目前已广泛应用于蛋白质分析和制备中，是 20 世纪 60 年代后才迅速发展起来的电泳技术。IEF 的基本原理是，在电泳槽中放入两性电解质，如脂肪族多氨基多羧酸（或磺酸型、羧酸磺酸混合型），pH 范围有 $3 \sim 10$、$4 \sim 6$、$5 \sim 7$、$6 \sim 8$、$7 \sim 9$ 和 $8 \sim 10$ 等。电泳时，两性电解质形成一个由阳极到阴极逐步增加的 pH 梯度，正极为酸性，负极为碱性。蛋白质分子是在含有载体两性电解质形成的一个连续而稳定的线性 pH 梯度中进行电泳。样品可置于正极或负极任何一端。当置于负极端时，因 $pH > pI$，蛋白质带负电向正极移动。随着 pH 的下降，蛋白质负电荷量渐少，移动速度变慢。当蛋白质移动到与其等电点相应 pH 位置上时即停止，并聚集形成狭窄区带。可见，IEF 中蛋白质的分离取决于电泳 PH 梯度的分布和蛋白质的 pI，而与蛋白质分子大小和形状无关。IEF 的具有以下优缺点：

优点：①分辨率很高，可把 pI 相差 0.01 pH 的蛋白质分开；②样品可混入胶中或加在任何位置，在电场中随着电泳的进行区带越来越窄，克服了一般电泳的扩散作用；③电泳结束后，可直接测定蛋白质 pI；④分离速度快，蛋白质可保持原有生物活性。

缺点：①电泳中应使用无盐样品溶液，否则高压中电流太大而发热。但无盐时有些蛋白质溶解性差，易发生沉淀，可在样品中多加些两性电解质；②许多蛋白质在 pI 附近易沉淀而影响分离效果，可加些脲或非离子去垢剂解决。

第三节 电泳设备及其应用

一、电泳所需的设备和仪器

电泳所需的设备和仪器有：电泳槽和电泳仪。

1. 电泳槽

电泳槽是电泳系统的核心部分，根据电泳的原理，电泳支持物都是放在两个缓冲液之间，通过电泳支持物连接两个缓冲液电场，不同电泳采用不同的电泳槽。常用的电泳槽有以下几种。

（1）圆盘电泳槽　有上、下两个电泳槽和带有铂金电极的盖。上槽中具有若干孔，孔不用时，用硅橡皮塞塞住。要用的孔配以可插电泳管（玻璃管）的硅橡皮塞。电泳管的内径早期为 5~7mm，为保证冷却和微量化，现在则越来越细。

（2）垂直板电泳槽　垂直板电泳槽的基本原理和结构与圆盘电泳槽基本相同。差别只在于制胶和电泳不在电泳管中，而是在两块垂直放置的平行玻璃板中间。

（3）水平电泳槽　水平电泳槽的形状各异，但结构大致相同。一般包括电泳槽基座、冷却板和电极。

2. 电泳仪

要使荷电的生物大分子在电场中泳动，必须加电场，且电泳的分辨率和电泳速度与电泳时的电参数密切相关。不同的电泳技术需要不同的电压、电流和功率范围，所以选择电源主要根据电泳技术的需要。如聚丙烯酰胺凝胶电泳和 SDS 电泳需要 200~600V 电压。

二、电泳技术的应用

（1）聚丙烯酰胺凝胶电泳可用做蛋白质纯度的鉴定。聚丙烯酰胺凝胶电泳同时具有电荷效应和分子筛效应，可以将分子大小相同而带不同数量电荷的物质分离开，并且还可以将带相同数量电荷而分子大小不同的物质分离开。其分辨率远远高于一般层析方法和电泳方法，可以检出 $10^{-12}g \sim 10^{-9}$ 的样品，且重复性好，没有电渗作用。

（2）SDS 聚丙烯酰胺凝胶电泳可测定蛋白质相对分子质量。其原理是带大量电荷的 SDS 结合到蛋白质分子上克服了蛋白质分子原有电荷的影响而得到恒定的荷/质比。SDS 聚丙烯酰胺凝胶电泳测蛋白质相对分子质量已经比较成功，此法测定时间短，分辨率高，所需样品量极少（1~100μg），但只适用于球形或基本上呈球形的蛋白质，某些蛋白质不易与 SDS 结合如木瓜蛋白酶、核糖核酸酶等，此时测定结果就不准确。

（3）聚丙烯酰胺凝胶电泳可用于蛋白质定量测定。电泳后的凝胶经凝胶扫描仪扫描，从而给出定量的结果。凝胶扫描仪主要用于对样品单向电泳后的区带和双向电泳后的斑点进行扫描。

（4）琼脂或琼脂糖凝胶免疫电泳可用于①检查蛋白质制剂的纯度；②分析蛋白质混合物的组分；③研究抗血清制剂中是否具有抗某种已知抗原的抗体；④检验两种抗原是否相同。

三、电泳后结果检测

经电泳分离的各种生物分子一般无颜色。因此，电泳后需染色，使它们在支持物的相应位置显示出区带，从而检测其纯度、含量及生物活性等。不同生物分子染色方法不同。蛋白质常用的染色方法有考马斯亮蓝 R-250、氨基黑 10B、考马斯亮蓝 G-250、银染色法等；核酸常用溴化乙锭（EB）染色。

四、聚丙烯酰胺凝胶电泳结果不正常现象和对策

（1）指示剂前沿呈现两边向上或向下的现象。向上的"微笑"现象说明凝胶的不均匀冷却，中间部分冷却不好，所以导致凝胶中分子有不同的迁移率所致。这种情况在用较厚的凝胶以及垂直电泳中时常发生。向下的"皱眉"现象常常是由于垂直电泳时电泳槽的装置不合适引起的，特别是当凝胶和玻璃板组成的"三明治"底部有气泡或靠近隔片的凝胶聚合不完全便会产生这种现象。

（2）"拖尾"现象是电泳中最常见的现象。这常常是由于样品溶解不佳引起的，克服的办法是在加样前离心，选用合适的样品缓冲液和凝胶缓冲液，添加增溶辅助试剂等。另一方法是降低凝胶浓度。

（3）"纹理"现象常常是由于样品中不溶颗粒引起的，克服办法是增加溶解度和离心除去不溶性颗粒。

（4）蛋白带偏斜常常是由于滤纸条或电极放置不平行所引起的，或由于加样位置偏斜而引起。

（5）蛋白带过宽，与邻近蛋白泳道的蛋白带相连，这是由于加样量多或加样孔泄漏引起。

（6）蛋白带模糊不清和分辨不佳是由于多种原因引起的。虽然梯度凝胶可以提高分辨率，但与其它方法相比，常规聚丙烯酰胺凝胶电泳是分辨率较低的方法。为了提高分辨率，不要加过多的样品，小体积样品可给出窄带。加样后应立即电泳，以防止扩散。选择合适的凝胶浓度，使组分得以充分的分离。通常靠近前沿的蛋白带分辨率不佳，所以应根据分子量与凝胶孔径的关系，灌制足够长度的凝胶，以使样品不会走出前沿。样品的蛋白水解作用也引起扩散而使分辨率降低。水解作用通常发生在样品准备的时候，系统中的内源性蛋白酶会水解样品蛋白，如果在缓冲液中加蛋白酶抑制剂则可以减少这种情况的发生。

第二部分

生物化学实验

第六章 氨基酸及蛋白质类实验

实验一 薄层层析法分离氨基酸

【实验目的】

（1）理解薄层层析分离和鉴定有机物的原理，掌握基本操作方法。

（2）学会应用薄层层析技术分析样品中氨基酸的种类。

【实验原理】

薄层色谱是把吸附剂或支持物（如氧化铝、硅胶和纤维素粉等）均匀地铺在一块玻璃板上形成薄层，将分离样品滴加在薄层的一端，并浸在适宜的展开剂中，在密闭的层析缸中展层。不同的氨基酸由于理化性质不同，在吸附剂表面的吸附能力各异，随着展开剂的展开其移动速度不同，使不同的氨基酸得以分离。氨基酸在薄层上的移动速率用 R_f（比移值）表示。

$$R_f = \frac{原点到层析斑点中心的距离}{原点到溶剂前沿的距离}$$

一种物质在固定的条件下有固定的 R_f 值，不同物质在相同的条件下可有不同的 R_f 值。因此，未知物与已知物（标准物质）在相同条件下进行展开，比较 R_f 值可提供定性依据。

薄层层析具有设备简单、速度快、分离效果好、灵敏度高以及能使用腐蚀性显色剂等优点，是一种微量的分离分析方法。

【试剂与器材】

1. 试剂

（1）标准氨基酸溶液

①0.01mol/L 精氨酸：称取精氨酸 17.4mg 溶于 10mL 90% 异丙醇溶液中。

②0.01mol/L 甘氨酸：称取甘氨酸 7.5mg 溶于 10mL 90% 异丙醇溶液中。

③0.01mol/L 酪氨酸：称取丙氨酸 18.1mg 溶于 10mL 90% 异丙醇溶液中。

④氨基酸混合液：上述三种氨基酸溶液各取 1mL 混合。

（2）硅胶 G（层析纯）。

（3）展层剂：正丁醇 : 冰醋酸 : 水 = 80 : 20 : 20。

（4）显色剂：0.5% 茚三酮 – 丙酮溶液。

2. 器材

层析缸、层析玻璃板（5cm × 15cm）、毛细管、吹风机、恒温干燥箱、喉头喷雾器等。

【实验操作】

薄层色谱技术包括制板、点样、展开、显色等步骤。现分述如下。

1. 薄层板的制备

称取硅胶 G 2g 放入小烧杯中，加蒸馏水 5mL，调成糊状，倒在玻璃板上，均匀摊开，轻振玻板，使其均匀分布，室温下自然晾干，然后放入 105°C 的烘箱中活化 0.5h 取出备用。

2. 点样

用毛细管或微量注射器分别取精氨酸、甘氨酸、酪氨酸及混合氨基酸，在上述制好的薄层板一端约 2.5cm 处，间距 1cm 宽，垂直地轻触点样。第一次点的样品干后在原点样处重复加点一次，直径一般以 2 ~ 4mm 为宜。

3. 展层

在层析缸中放入展层剂约 1cm 厚，盖上缸盖，平衡 0.5h （见图 6 - 1）。将点好试样的薄层板样点一端朝下放入缸内（切勿使样点浸入溶剂中），盖好缸盖。展开剂因毛细管效应而沿薄层上升，样品中组分随展开剂在薄层中以不同的速度自下而上移动导致分离。当展开剂前沿上升到样点上方 10 ~ 15cm 时取出薄层板，放平，标明溶剂前沿位置，用电吹风冷风吹走溶剂。

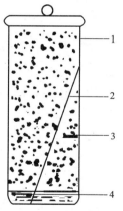

图 6 - 1 直立式层析缸示意图

1—层析缸 2—薄层板 3—展开剂饱和蒸气 4—展开剂

4. 显色

将除去展开剂的层析板均匀喷上茚三酮显色剂，然后置于 80℃ 下烘干 20 ~ 30min （也可用电吹风吹干），即出现紫色斑点。

【结果处理】

根据层析图谱，计算各种氨基酸的 R_f 值，并确定混合氨基酸样品中的组成成分。

【注意事项】

（1）薄层板制备的好坏直接影响色谱的结果，薄层应尽量铺得均匀，厚度在 0.25 ~ 0.5mm 之间。

（2）最理想的 R_f 值为 0.4 ~ 0.5，良好的分离 R_f 值为 0.15 ~ 0.75，如果 R_f 值小于

0.15 或大于 0.75 则分离不好，就要调换展开剂重新展开。

实验二　纸层析法分离氨基酸

【实验目的】

（1）掌握纸层析法分离氨基酸的基本原理和方法。

（2）掌握应用纸层析技术分析样品中未知氨基酸种类的方法。

【实验原理】

纸层析（Paper Chromatography，简称 PC），是以滤纸作为惰性支持物的分配层析，滤纸纤维上亲水性的羟基吸附水作为固定相，有机溶剂为流动相。有机溶剂自上而下流动称为下行层析，自下而上流动称为上行层析。将样品点在滤纸上进行展层，样品中的各种氨基酸即在二相中不断进行分配，由于不同氨基酸的分配系数不同，故在流动相中移动速率不同，从而使各种氨基酸得到分离。物质被分离后在纸层析图谱上的位置用 R_f 值（比移值或迁移率）来表示：

$$R_f = \frac{原点到层析斑点中心的距离}{原点到溶剂前沿的距离}$$

某种物质的 R_f 值大小受物质的结构、性质等因素影响，在一定条件下（如温度、展层溶剂的组分、pH、滤纸的质量等）R_f 值是常数，据此可进行定性分析。如果溶质中氨基酸组分较多或其中某些组分的 R_f 值相同或相近，用单向层析不易将它们分开，可进行双向层析。双向层析是在第一溶剂展开后，将滤纸转动 90°，再用另一种溶剂展层。无色物质的纸层析图谱可用光谱法（紫外光照射）或显色法鉴定，氨基酸纸层析图谱常用茚三酮或吲哚醌作为显色剂。

【试剂与器材】

1. 试剂

（1）甘氨酸溶液：50mg 甘氨酸溶于 5mL 蒸馏水中。

（2）甲硫氨酸溶液：25mg 甲硫氨酸溶于 5mL 蒸馏水中。

（3）亮氨酸溶液：25mg 亮氨酸溶于 5mL 蒸馏水中。

（4）氨基酸混合液：甘氨酸 50mg、亮氨酸 25mg、甲硫氨酸 25mg 共溶于 5mL 水中。

（5）展层剂：正丁醇：冰乙酸：水 =4：1：5（体积比）混合后放置半天以上，取上清液备用。

（6）显色剂：0.5% 茚三酮 - 丙酮溶液。

2. 器材

层析滤纸、烧杯、剪刀、层析缸、培养皿、喉头喷雾器、微量加样器或毛细管、吹风机、直尺、铅笔等。

【实验操作】

1. 饱和层析缸

将盛有展层剂的培养皿和盛有平衡溶剂的小烧杯置于密闭的层析缸中（见图 6-2）。

2. 画原线

戴上指套或橡皮手套，在长约 20cm，宽约 18cm 的层析滤纸上，距一端边缘 2 ~ 3cm 处用铅笔划一条直线，在此直线上每间隔 2cm 做一记号，等待点样。

3. 点样

用微量注射器或毛细管依次分别点上甘氨酸、甲硫氨酸、亮氨酸和混合氨基酸溶液（见图 6 - 3）。点样点干后可重复加点 1 ~ 2 次。点样量以每种氨基酸含 5 ~ 20μg 为宜，每点在滤纸上的扩散直径范围在 3mm 内为最佳。

4. 层析

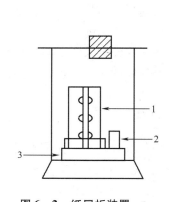

图 6 - 2　纸层析装置

1—滤纸　2—平衡液　3—展开剂

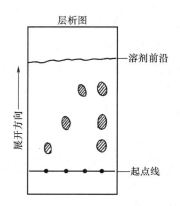

图 6 - 3　单向纸上层析

用针线将滤纸缝成圆筒状，注意纸的两边不能接触，留一定缝隙。将滤纸垂直立于培养皿中，点样端在下且必须在展层剂的液面之上。盖好层析缸，待溶剂上升至距滤纸上端 2cm 左右时取出滤纸，用铅笔在溶剂前沿划一边界线，自然干燥或用电吹风机吹干溶剂。

5. 显色

用喷雾器均匀喷上 0.5% 茚三酮 - 丙酮溶液，然后置 80℃ 烘箱烘烤 5min 或用电吹风机热风吹干即可显出各层析斑点。用铅笔划下层析斑点，可进行定性、定量测定。

【结果处理】

根据层析结果分别求出各种氨基酸的 R_f 值，并确定混合氨基酸的组分。

【思考题】

（1）为什么不同的氨基酸有不同的 R_f 值，影响本实验 R_f 值精确性的因素有哪些？

（2）实验过程为什么不能直接用手接触滤纸？

实验三　氨基氮的测定——甲醛滴定法

【实验目的】

（1）理解并掌握甲醛滴定法测定氨基酸含量的原理和方法。

（2）熟练掌握分析滴定技术，准确把握滴定终点。

【实验原理】

水溶液中的氨基酸为两性离子，因而不能直接用碱滴定氨基酸的羧基。用甲醛处理氨基酸，甲醛与氨基结合，可形成—NH—CH_2OH、—N$(CH_2$–$OH)_2$等羟甲基衍生物，使NH_3^+放出的H^+游离出来，这样就可用碱滴定放出的H^+，测定氨基氮。

$$R-\underset{\underset{NH_3^+}{|}}{CH}-COO^- \rightleftharpoons R-\underset{\underset{NH_2}{|}}{CH}-COO^- + H^+$$

$$R-\underset{\underset{NH_2}{|}}{CH}-COO^- + HCHO \rightleftharpoons R-\underset{\underset{NHCH_2OH}{|}}{CH}-COO^-$$

$$R-\underset{\underset{NHCH_2OH}{|}}{CH}-COO^- + HCHO \rightleftharpoons R-\underset{\underset{N(CH_2OH)_2}{|}}{CH}-COO^-$$

如果样品中只含一种已知氨基酸，即可算出该氨基酸的含量。如果样品是多种氨基酸的混合物（如蛋白水解液），则滴定结果不能作氨基酸的定量依据。但用此法可测定蛋白质的水解程度，滴定值随水解程度的增加而升高，当水解完全后，滴定值保持平衡。

【试剂与器材】

1. 试剂

（1）酚酞指示剂：0.5g酚酞溶于100mL 60%乙醇中。

（2）0.05%溴麝香草酚蓝溶液：0.05g溴麝香草酚蓝溶于100mL 20%的乙醇中。

（3）0.100mol/L或0.100mol/L标准NaOH溶液，可采用标准HCl溶液标定。

（4）中性甲醛溶液：分析纯甲醛溶液50mL，加约3mL0.5%酚酞指示剂，滴加0.1mol/L NaOH溶液，使溶液呈微粉红色，临用前配制。

（5）1%甘氨酸溶液：1.0g甘氨酸溶于100mL蒸馏水中。

（6）10%乙酸溶液：取相对密度为1.05的乙酸97mL，加蒸馏水至1000mL。

2. 器材

锥形瓶、25mL碱式滴定管、移液管等。

【实验操作】

1. 已知氨基酸溶液中氨基氮的测定

取3只锥形瓶，编号1、2、3。于1、2号瓶中各加甘氨酸溶液2.0mL及水5.0mL；于3号瓶中加水7.0mL。然后3只锥形瓶中各加入甲醛溶液5.0mL、0.05%溴麝香草酚蓝溶液两滴及0.5%酚酞4滴。然后用标准0.0100mol/L NaOH溶液滴定至紫色，记录各管消耗氢氧化钠的体积。

2. 样品中游离氨基酸的测定

（1）样品中游离氨基酸的提取 称取样品（如谷物）2.0～4.0g放在研钵中，加5.0mL10%乙醇溶液研磨成匀浆，然后用少量蒸馏水多次洗涤，转移入50mL容量瓶中，用蒸馏水定容到刻度，过滤，滤液即为样品提取液。

（2）滴定　在三角瓶中加入上述样品提取液2.0mL、蒸馏水4.0mL及3滴0.5%的酚酞指示剂，摇匀后用0.0100mol/L NaOH溶液滴定至微红色；然后加入4.0mL甲醛溶液，摇匀后放置片刻，再用0.0100mol/L NaOH溶液滴定至微红色，记下加入甲醛后所消耗的标准氢氧化钠的体积。再用蒸馏水代替样品提取液做空白实验。

【结果处理】

1. 氨基酸溶液中氨基氮含量的计算

$$氨基氮含量（mg/mL）= \frac{V_A - V_B}{V} \times c \times K \times 1000$$

2. 样品中氨基酸含量的计算

$$氨基氮含量（\%）= \frac{(V_A - V_B) \times V_1}{V \times m} \times c \times K \times 100$$

式中　V_A——滴定样品消耗NaOH溶液的mL数；

　　　V_B——滴定空白消耗NaOH溶液的mL数；

　　　c　——滴定时所用标准氢氧化钠的浓度，mol/L；

　　　K　——1mL 1mol/LNaOH相当于氮的质量（g），$K=0.014$；

　　　V　——滴定时所用样品液的体积，mL；

　　　V_1——样品提取液的总体积，mL；

　　　m　——样品质量，g。

【思考题】

为什么不能用氢氧化钠直接滴定氨基酸？

实验四　蛋白质的沉淀反应

【实验目的】

（1）理解蛋白质沉淀反应的原理。

（2）学会沉淀蛋白质的各项技术。

（3）掌握盐析法沉淀蛋白的原理。

【实验原理】

在水溶液中，蛋白质分子表面结合大量的水分子，形成水化膜，同时蛋白质分子本身带有电荷，可与溶液的反离子作用，形成双电层。水化膜和双电层使每个蛋白质分子成为一个稳定的胶粒，整个蛋白质溶液就形成稳定的亲水溶胶体系。当某些物理化学因素导致蛋白质分子失去水化膜或电荷甚至变性时，它就丧失了稳定因素，以固体形式从溶液中析出，这就是蛋白质的沉淀作用。蛋白质的沉淀作用可分为两类。

1. 可逆沉淀

在发生沉淀作用时，虽然蛋白质已沉淀析出，但其分子内部结构并没发生明显的改变，仍保持原有的结构和性质，如除去沉淀因素，蛋白质可重新溶解在原来的溶剂中，这种沉淀称为可逆沉淀作用，也称为不变性沉淀。盐析作用、低温下有机溶剂以及利用等电点的沉淀均属可逆沉淀，在纯化蛋白质时常利用此类反应。

盐析作用是指用大量的中性盐使蛋白质从溶液中析出的过程。高浓度的中性盐既可夺去蛋白质分子的水化膜，又可中和蛋白质分子所带的电荷，从而破坏蛋白质溶胶的稳定性，使蛋白质沉淀析出。但中性盐并不破坏蛋白质的分子结构和性质，因而，如除去中性盐或降低盐的浓度，蛋白质就会重新溶解。

在蛋白质溶液中加适量乙醇或丙酮，蛋白质分子因水化膜被破坏而沉淀，若及时将蛋白质沉淀与丙酮或乙醇分离，蛋白质沉淀则可重新溶解于水中，但操作必须在低温下进行。

2. 不可逆沉淀

一些物理化学因素往往会导致蛋白质分子结构尤其是空间结构破坏，因而失去其原来的性质，这种蛋白质沉淀不能再溶解于原来的溶剂中，所以称为不可逆沉淀或变性沉淀。重金属盐、生物碱试剂、过酸、过碱、加热、振荡、超声波和有机溶剂等都能使蛋白质发生不可逆沉淀。

重金属盐类 Cu^{2+}、Ag^+、Pb^{2+}、Hg^{2+} 等均能与蛋白质分子中的巯基等基团结合，生成不溶物而沉淀。植物体内具有显著生理作用的含氮碱性化合物称为生物碱（或植物碱），能沉淀生物碱或与其产生颜色反应的物质称为生物碱试剂，如鞣酸、苦味酸、磷钨酸等。生物碱试剂能与蛋白质结合形成不溶物，使蛋白质沉淀。

【试剂与器材】

1. 试剂

（1）饱和硫酸铵溶液：称取固体 $(NH_4)_2SO_4$ 850g 溶于 1000mL 蒸馏水中，在 70～80°C 下搅拌促溶，室温中放置过夜，瓶底析出白色结晶，上清液即为饱和硫酸铵溶液。

（2）饱和苦味酸溶液：取 2g 苦味酸放入三角瓶中，加蒸馏水 100mL，80°C 水浴约10min 使之完全溶解，于室温下冷却后瓶底析出黄色沉淀，上清液即为饱和苦味酸溶液，此溶液可保存数年。

（3）1% 醋酸铅溶液。

（4）1% 硫酸铜溶液。

（5）1% 三氯乙酸溶液。

（6）5% 鞣酸溶液。

（7）1% 醋酸溶液。

（8）硫酸铵粉末。

2. 器材

试管及试管架、滴管、吸管、抽滤瓶、量筒、漏斗、纱布、玻棒、锥形瓶等。

3. 材料

蛋清或血清。

【实验操作】

1. 制备蛋白溶液

取 20mL 蛋清，加蒸馏水至 200mL，充分搅拌后用纱布过滤，除去不溶物。

2. 盐析作用沉淀蛋白质

取 1 支试管加入 5mL 蛋白质溶液和 5mL 饱和硫酸铵溶液，混匀，静置约 10min，球蛋白则沉淀析出。过滤后向滤液中加入硫酸铵粉末，边加边用玻璃棒搅拌，直至粉末不再溶解达到饱和为止，析出的沉淀为清蛋白，再加水稀释，观察沉淀是否溶解。

3. 乙醇沉淀蛋白质

取 1 支试管加蛋白质溶液 2mL，加入晶体氯化钠少许（加速沉淀并使沉淀完全），待溶解后再加入 95% 乙醇 2mL 混匀，观察有无沉淀析出。

4. 有机酸沉淀蛋白质

取 1 支试管，加入蛋白质溶液约 2mL，再滴加 1% 三氯乙酸溶液 1mL，观察蛋白质沉淀。

5. 重金属盐沉淀蛋白质

取 2 支试管，各加蛋白质溶液 2mL，一管内滴加 1% 醋酸铅溶液 2~3 滴，另一管内滴加 1% 硫酸铜 2~3 滴，观察沉淀的生成。

6. 生物碱试剂沉淀蛋白质

取 2 支试管，各加蛋白质溶液 2mL 及 1% 醋酸溶液 4~5 滴。一管滴加 5% 鞣酸溶液 2~3 滴，另一管滴加饱和苦味酸溶液 4~5 滴，观察沉淀的生成。

【结果处理】

（1）将实验结果列表整理。

（2）结合理论知识解释实验结果。

实验五　蛋白质的两性反应和等电点测定

【实验目的】

（1）了解蛋白质的两性解离性质。

（2）初步学会测定蛋白质等电点的方法。

【实验原理】

蛋白质由许多氨基酸组成，虽然绝大多数的氨基与羧基成肽键组合，但是总有一定数量自由的氨基与羧基，以及酚基、巯基等酸碱基团。因此蛋白质和氨基酸一样是两性电解质。调节溶液的酸碱度达到一定的氢离子浓度时，蛋白质分子所带的正电荷和负电荷相等，以兼性离子状态存在，在电场内该蛋白质分子既不向阴极移动，也不向阳极移动，这时溶液的 pH 称为该蛋白质的等电点（pI）。当溶液的 pH 低于蛋白质等电点时，即在较多 H$^+$ 的条件下，蛋白质分子带正电荷成为阳离子；当溶液的 pH 高于蛋白质等电点时，即在 OH$^-$ 较多的条件下，蛋白质分子带负电荷成为阴离子。

$$\text{蛋白质}\begin{matrix} NH_3^+ \\ \\ COOH \end{matrix} \underset{+H^+}{\overset{-H^+}{\rightleftharpoons}} \text{蛋白质}\begin{matrix} NH_3^+ \\ \\ COO^- \end{matrix} \underset{+H^+}{\overset{-H^+}{\rightleftharpoons}} \text{蛋白质}\begin{matrix} NH_2 \\ \\ COO^- \end{matrix}$$

阳离子　　　　　兼性离子　　　　阴离子

pH < pI　　　　　pH = pI　　　　pH > pI

处于等电点的蛋白质表现为电中性，在溶液中的稳定性很低，溶解度最小，容易沉淀析出。将酪蛋白溶液分别置于连续不同的 pH 环境中，通过观察混浊程度可测得酪蛋白的等电点。

【试剂与器材】

1. 试剂

（1）0.5% 酪蛋白溶液（以 0.01mol/L 氢氧化钠溶液作溶剂）。

（2）0.5% 酪蛋白–醋酸钠溶液：称取纯酪蛋白 0.25g，加蒸馏水 20mL 及 1.00 mol/L 氢氧化钠溶液 5mL（必须准确），摇动使酪蛋白溶解。然后加 1.00mol/L 醋酸 5mL（必须准确），转移到 50mL 容量瓶中，用蒸馏水定容到刻度，混匀。

（3）0.01% 溴甲酚绿指示剂。

（4）0.02mol/L 盐酸溶液。

（5）0.01mol/L 醋酸溶液、0.1mol/L 醋酸溶液、1.00mol/L 醋酸溶液。

（6）0.02mol/L 氢氧化钠溶液。

2. 器材

试管及试管架、滴管、吸量管（1mL 和 5mL）。

【实验操作】

1. 蛋白质的两性反应

（1）取 1 支试管，加 0.5% 酪蛋白溶液 20 滴和 0.01% 溴甲酚绿指示剂 5~7 滴，混匀。观察溶液呈现的颜色，并说明原因。

（2）用细滴管缓慢加入 0.02mol/L 盐酸溶液，随滴随摇，直至有明显的大量沉淀发生，此时溶液的 pH 接近于酪蛋白的等电点。观察溶液颜色的变化。

（3）继续滴入 0.02mol/L 盐酸溶液，观察沉淀和溶液颜色的变化，并说明原因。

（4）再滴入 0.02mol/L 氢氧化钠溶液进行中和，观察是否出现沉淀，解释其原因。继续滴入 0.02mol/L 氢氧化钠溶液，为什么沉淀又会溶解？溶液的颜色如何变化？说明了什么问题？

2. 酪蛋白等电点的测定

（1）取 9 支粗细相近的干燥试管，编号后按下表的顺序准确地加入各种试剂。

试管编号	1	2	3	4	5	6	7	8	9
蒸馏水/mL	2.4	3.2	—	2.0	3.0	3.5	1.5	2.75	3.38
1mol/L 醋酸溶液/mL	1.6	0.8	—	—	—	—	—	—	—
0.1mol/L 醋酸/mL	—	—	4.0	2.0	1.0	0.5	—	—	—
0.01mol/L 醋酸溶液/mL	—	—	—	—	—	—	2.5	1.25	0.62
酪蛋白醋酸钠/mL	1.0	1.0	1.0	1.0	1.0	1.0	1.0	1.0	1.0
溶液最终 pH	3.5	3.8	4.1	4.4	4.7	5.0	5.3	5.6	5.9
沉淀出现情况									

（2）混匀后观察上述各管的混浊程度，静置约 20min，再视其沉淀情况，以 –，

＋，＋＋，＋＋＋，＋＋＋＋符号表示沉淀的多少。

【结果处理】

根据观察的结果，判断酪蛋白的等电点（混浊显著或静置后沉淀最多，上部溶液变得最清亮管的 pH 即为酪蛋白的等电点），并回答操作过程中反应现象及其原因。

【注意事项】

（1）该实验要求各种试剂的浓度和加入量必须相当准确，实验过程严格按照定量分析的操作进行。

（2）为了保证实验的重复性或为了进行大批量实验，可以事先按照上述比例配制成大量的 9 种不同浓度的醋酸溶液，实验时再分别准确吸取 4mL 该溶液，再各加入 1mL 酪蛋白－醋酸钠溶液。

【思考题】

（1）在等电点时蛋白质的溶解度为什么最低？请结合你的实验结果和蛋白质的性质加以说明。

（2）是否所有的蛋白质在等电点时必然沉淀析出？为什么？请举例说明。

实验六　双缩脲法测定蛋白质含量

【实验目的】

（1）理解双缩脲法测定样品中蛋白质含量的原理。

（2）掌握双缩脲法测定蛋白质含量的操作步骤。

【实验原理】

两分子尿素在高温条件下脱去一分子水而生成的化合物称为双缩脲，其内含有两个肽键，能与碱性硫酸铜发生反应生成紫红色化合物，称该反应为双缩脲反应。含有两个或两个以上肽键的化合物都具有双缩脲反应。蛋白质含有多个肽键，在碱性溶液中可与铜离子形成紫红色络合物，并可在 540nm 比色测定。其颜色深浅与蛋白质浓度成正比，而与蛋白质的相对分子质量及氨基酸组成无关。

双缩脲法最常用于需要快速但并不需要十分精确的测定。

【试剂与器材】

1. 试剂

（1）标准蛋白质溶液（5mg/mL）：准确称取经真空干燥的标准蛋白质（常用牛血清白蛋白或酪蛋白），用 0.05mol/L 氢氧化钠溶液配制，冰箱中存放备用。

（2）双缩脲试剂：称取 1.5g 硫酸铜（$CuSO_4 \cdot 5H_2O$）、6g 酒石酸钾钠（$NaKC_4H_4O_6 \cdot 4H_2O$），依次溶解于 500mL 蒸馏水中，在搅拌下加入 300mL 10% 氢氧化钠溶液，用水稀释到 1000mL。配好的双缩脲试剂应储存于塑料瓶中（或内壁涂以石蜡的瓶中），此试剂可长期保存，若瓶中有黑色沉淀出现则需要重配。

2. 器材

分析天平、分光光度计、恒温水浴锅、试管、吸量管等。

3. 材料

动物血清

【实验操作】

1. 直接比较法

取三支试管按下表操作。

试剂加入量	空白管	标准管	测定管
血清（10 倍稀释）	—	—	1.0
标准蛋白溶液（5mg/mL）	—	1.0	—
蒸馏水/mL	2.0	1.0	1.0
双缩脲试剂/mL	4.0	4.0	4.0

摇匀，37°C 水浴 20min 后，分光光度计 540nm 比色，调空白管吸光度为零，测得各管吸光度。

根据测定管和标准管的吸光度值，代入下列公式计算：

$$血清总蛋白质（g/100mL） = \frac{测定管吸光度}{标准管吸光度} \times 0.005 \times 稀释倍数 \times 100$$

2. 标准曲线法

（1）标准曲线绘制 取干燥试管 6 支，编号 0～5，按下表顺序加入各试剂。于 540nm 处测定 A 值。

试管号	0	1	2	3	4	5
标准蛋白溶液（5mg/mL）/mL	—	0.2	0.4	0.6	0.8	1.0
蒸馏水/mL	1.0	0.8	0.6	0.4	0.2	—
蛋白质含量/mg/mL	0	1.0	2.0	3.0	4.0	5.0
A_{540}						

各管混匀后，分别加入双缩脲试剂 4.0mL，并充分混匀，37°C 水浴 20min，在波长 540nm 处比色，测定各管吸光度值。以溶液中蛋白质浓度为横坐标，A_{540} 为纵坐标绘制标准曲线。作为定量的依据，用该方法制得的标准曲线的线性及重复性较好，一般每配一次溶液作一次标准曲线即可。

（2）样品测定 取未知浓度的蛋白质溶液 1.0mL（20 倍稀释血清）置试管内，加入双缩脲试剂 4.0mL，混匀，平行做两份，与标准曲线各管同时比色。

对照标准曲线，查出蛋白浓度，再按照稀释倍数计算血清蛋白含量，公式如下：

$$血清总蛋白质（g/100mL） = \frac{标准曲线上查得的蛋白浓度}{1000} \times 稀释倍数 \times 100$$

【注意事项】

（1）本法测定范围是每1mL样品中含 1~5mg 蛋白质，此浓度在测定线性范围内。未知浓度的样品浓度若超过时，则应作适当稀释。

（2）若样品中脂类等含量过高，则在 30min 后会有雾状沉淀产生，故须注意控制在 30min 内比色完毕。

实验七　Folin-酚试剂法测定蛋白质含量

【实验目的】

（1）了解 Folin-酚法测定蛋白质含量的原理。

（2）学会绘制标准曲线。

（3）进一步熟悉分光光度计的操作方法。

【实验原理】

蛋白质含有两个以上肽键，在碱性溶液中蛋白质与 Cu^{2+} 形成紫红色络合物（双缩脲反应），这个络合物及酪氨酸、色氨酸残基能使磷钼酸-磷钨酸试剂（Folin 试剂）还原，产生蓝颜色，蓝色的深浅与芳香族氨基酸的含量成正比，据此可进行比色测定。

本测定法比双缩脲法灵敏，并使用于酪氨酸和色氨酸的定量测定，对那些含这两个氨基酸残基与标准蛋白差异较大的蛋白质来说，有一定误差。该法可用 500nm 比色，测定范围为 0.05~0.5mg 蛋白质/mL。

【试剂与器材】

1. 试剂

（1）试剂 A，由下述三种溶液配制：①称取 20g 无水碳酸钠、4g 氢氧化钠溶解于 1L 水中；②称取 0.2g 硫酸铜溶于 20mL 水；③称取 0.4g 酒石酸钾钠溶于 20mL 水。在测定的当天，将这三种溶液按 100：1：1 的体积比混合，即为 Folin-酚试剂 A，混合放置 30min 后使用。混合液只能用 1 天，三种溶液分开可长期保存。

（2）试剂 B：在 2L 磨口回流装置内加入钨酸钠（$NaWO_2 \cdot 2H_2O$）100g、钼酸钠（Na_2MoO_4）25g、水 700mL、85% 磷酸 50mL 及浓 HCl 100mL。充分混匀后，以小火回流 10h。再加硫酸锂（Li_2SO_4）150g、水 50mL 和数滴溴水，然后开口继续沸腾 15min，以便驱除过量的溴，冷却后稀释到 1000mL，过滤，溶液呈黄绿色，置于棕色试剂瓶中贮于暗处。使用时用标准氢氧化钠溶液滴定，以酚酞为指示剂，而后用适量水稀释，使酸浓度最后为 1mol/L，此为 Folin-酚试剂 B。

（3）标准牛血清白蛋白溶液（0.5mg/mL）。

（4）待测蛋白溶液　浓度不超过 0.5mg/mL，否则要适当稀释。

2. 器材

试管、吸量管、水浴锅、分光光度计等。

【实验操作】

1. 标准曲线的绘制

取 7 支试管，按照下表要求进行操作。

试管号	0	1	2	3	4	5	6
标准蛋白溶液/mL	—	0.1	0.2	0.4	0.6	0.8	1.0
蒸馏水/mL	1.0	0.9	0.8	0.6	0.4	0.2	—
蛋白质含量/（mg/mL）	0	0.05	0.1	0.2	0.3	0.4	0.5

配好后各管加入试剂 A 5mL，混匀，室温放置 10min 后，各管再加试剂 B 0.5mL，立即混匀，室温放置 30min，在 500nm 波长处，以 0 号管调零点，测定各管吸光度值。

以各管吸光度值为纵坐标，蛋白浓度为横坐标绘制标准曲线。

2. 样品测定

取未知浓度的蛋白质溶液 1mL，置于试管内，加入试剂 A 5mL，混匀，室温放置 10min 后，各管再加试剂 B 0.5mL，立即混匀，室温放置 30min，在 500nm 波长处，以 0 号管调零点，测定其吸光度值（平行 3 次）。

【结果处理】

对照标准曲线求出蛋白质含量。

计算：

$$样品蛋白浓度（mg/mL）=标准曲线所得蛋白质浓度×样品稀释倍数$$

【注意事项】

（1）由于不同蛋白质所含酪氨酸和色氨酸残基的量不同，致使等量的不同蛋白质所显示的颜色深度不尽一致，产生误差。

（2）磷钼酸－磷钨酸试剂（Folin－酚试剂 B）仅在酸性条件下稳定，而蛋白质的显色反应需在 pH10 的环境中进行，因此当试剂 B 加入后应当立即充分混匀，以便在磷钼酸－磷钨酸试剂被破坏之前与蛋白质发生显色反应，这对于结果的重现性非常重要。

实验八　考马斯亮蓝染色法测定蛋白质含量

【实验目的】

（1）理解考马斯亮蓝法测定蛋白质含量的基本原理。

（2）掌握本实验的操作步骤。

【实验原理】

考马氏亮蓝 G－250 在酸性溶液中为棕红色，当它与蛋白质通过疏水作用结合后，溶液变成蓝色，最大吸收波长从 465nm 转移到 595nm 处，在一定的范围内，蛋白质含量与 595nm 的吸光度成正比。

该法优点是操作简单，反应时间短，颜色稳定，抗干扰性强。缺点是当测定蛋白与标准蛋白氨基酸组成差异较大时，有一定的误差。

【试剂与器材】

1. 试剂

（1）标准牛血清清蛋白溶液（0.1mg/mL）：准确称取10mg牛血清清蛋白，在100mL容量瓶中加生理盐水至刻度，冰箱保存。

（2）染料溶液：称取0.1g考马斯亮蓝G-250溶于50mL95%乙醇中，再加85%的浓磷酸100mL，用水稀释至1000mL，混匀，备用。

2. 器材

吸量管、试管、分光光度计等。

【实验操作】

1. 标准曲线的绘制

取6支试管，按下表操作。

试管号	0	1	2	3	4	5
标准蛋白溶液/mL	—	0.2	0.4	0.6	0.8	1.0
水/mL	1.0	0.8	0.6	0.4	0.2	—
蛋白质含量/（mg/mL）						
A_{595}						

各管配好后，分别加入5.0mL染料溶液，充分混匀，静置5min后在595nm波长处以0号管调零点，测定各管吸光度值（A）。以吸光度值为纵坐标，标准蛋白浓度为横坐标绘制标准曲线。

2. 样品测定

取1mL样品溶液（含25~250μg蛋白质，样品蛋白质含量较高时，按适当比例稀释），加入染料溶液5mL，混匀，5min后测其595nm吸光值，平行3次。

【结果处理】

对照标准曲线求出蛋白质含量。

计算：

$$样品蛋白浓度（mg/mL）＝标准曲线所得蛋白质浓度×样品稀释倍数$$

【注意事项】

（1）高浓度的Tris、EDTA、尿素、甘油、蔗糖、丙酮等对测定有干扰。

（2）显色结果受时间与温度影响较大，须注意保证样品与标准的测定控制在同一条件下进行。

（3）考马氏亮蓝G-250染色能力很强，特别要注意比色杯的清洗。

实验九　紫外吸收法测定蛋白质含量

【实验目的】

（1）理解紫外吸收法测定蛋白质含量的原理。

（2）掌握紫外吸收法测定蛋白质含量操作方法和计算方法。

【实验原理】

由于蛋白分子中酪氨酸和色氨酸残基的苯环含有共轭双键，因此蛋白质具有吸收紫外光的性质，吸收高峰在 280nm 波长处。在此波长范围内，蛋白质溶液的光吸收值（A_{280}）与其含量呈正比关系，可用作定量测定。

利用紫外吸收法测定蛋白质含量的优点是迅速、简便、不消耗样品，低浓度盐类不干扰测定等。因此，在蛋白质和酶的生化制备中（特别是在柱色谱分离中）广泛应用。此法的缺点是：（1）测定蛋白与标准蛋白质中酪氨酸和色氨酸含量差异较大时，有一定的误差；（2）若样品中含有嘌呤、嘧啶等吸收紫外线的物质，会出现较大的干扰。

核酸的最大吸收波长是 260nm，但在 280nm 处也有光吸收；蛋白质恰恰相反，在 280nm 的紫外吸收值大于 260nm 的紫外吸收值。利用它们的这些性质，通过计算可以适当校正核酸对蛋白质含量的干扰，但是因为不同的蛋白质和核酸的紫外吸收是不同的，虽然经过校正，测定结果还存在着一定的误差。因此，紫外分光光度法一般作为粗略定量的依据。

【试剂与器材】

1．试剂

（1）标准蛋白溶液：准确称取经微量凯氏定氮法校正过的标准牛血清清蛋白，用 0.9% NaCl 配制成 1mg/mL 的溶液。

（2）待测蛋白溶液：配制成浓度约为 1mg/mL 的溶液。

2．器材

试管、紫外分光光度计、移液管等。

3．实验材料

动物血清或其它待测蛋白质样品，如浓度过高，应稀释为低于 1mg/mL 的稀释液。

【实验操作】

1．标准曲线法

（1）标准曲线的绘制　取 8 支试管，按下表所列操作。

试管号	0	1	2	3	4	5	6	7
标准蛋白质溶液/mL	—	0.5	1.0	1.5	2.0	2.5	3.0	4.0
蒸馏水/mL	4.0	3.5	3.0	2.5	2.0	1.5	1.0	—
蛋白质浓度/（mg/mL）	0	0.125	0.250	0.375	0.500	0.625	0.750	1.00
A_{280}								

充分混匀，选用光程为 1cm 的石英比色杯，在 280nm 波长处分别测定各管溶液的 A_{280} 值。以 A_{280} 值为纵坐标，蛋白质浓度为横坐标，绘制标准曲线。

（2）样品测定　取待测蛋白质溶液 1mL，加入蒸馏水 3mL，摇匀，按上述方法在 280nm 波长处测定光吸收值，并从标准曲线上查出经稀释的待测蛋白质的浓度。

计算：

$$样品蛋白浓度（mg/mL）=标准曲线所得蛋白浓度 \times 4 \times 样品稀释倍数$$

2. 其他方法

将待测蛋白质溶液适当稀释，在波长 260nm 和 280nm 处分别测出 A 值，然后利用 280nm 及 260nm 下的吸收差求出蛋白质浓度。

Lowry–Kalckar 公式：蛋白质浓度（mg/mL）= $1.45A_{280} - 0.74A_{260}$

Warbury–Christian 公式：蛋白质浓度（mg/mL）= $1.55A_{280} - 0.76A_{260}$

式中　A_{280} 和 A_{260}——该溶液在 280nm 和 260nm 波长下测得的光吸收值。

【结果处理】

（1）整理不同方法测定的结果。

（2）比较不同测定方法对同一待测样品测定结果的差异。

实验十　微量凯氏定氮法测定粗蛋白含量

【实验目的】

（1）理解微量凯氏定氮法的实验原理和测定样品中粗蛋白含量的原理。

（2）熟练掌握实验操作过程。

（3）重点掌握蒸馏和滴定过程。

（4）学会粗蛋白含量的计算方法。

【实验原理】

凯氏定氮法测蛋白质含量是通过测出样品中总氮量再乘以相应的蛋白质系数来确定蛋白质含量的方法。此法的结果称为粗蛋白质含量，这是由于样品中含有少量非蛋白质含氮化合物，如核酸、生物碱、含氮类脂、卟啉以及含氮色素等。

常用微量凯氏定氮法测定天然含氮有机物中的含氮量。其原理是含氮有机物与浓硫酸共热，被氧化成二氧化碳和水，而氮则转变成氨，氨进一步与硫酸作用生成硫酸铵。这种由大分子分解成小分子的过程通常称为"消化"。

$$含氮有机物 + H_2SO_4 \xrightarrow[\text{CuSO}_4]{\text{K}_2\text{SO}_4} CO_2 + H_2O + NH_3$$

$$2NH_3 + H_2SO_4 \longrightarrow （NH_4）_2SO_4$$

消化过程一般进行得比较缓慢。通常需要加入硫酸钾或硫酸钠以提高消化液的沸点（消化液的沸点由 290℃ 上升到 400℃），加入硫酸铜作为催化剂，以促进反应的进行。

硫酸铵与浓碱作用可游离出氨，蒸馏出的氨用 4% 的硼酸溶液吸收，使溶液中的 H^+ 浓度降低，然后用标准无机酸滴定，直至恢复溶液中原有 H^+ 浓度为止。最后根据所用标准酸的量计算出待测物中的总氮量。

$$(NH_4)_2SO_4 + 2NaOH \xrightarrow{\triangle} 2NH_4OH + Na_2SO_4$$

$$2NH_4OH \xrightarrow{\triangle} NH_3 \uparrow + H_2O$$

$$H_3BO_4 \longrightarrow H^+ + H_2BO_4{}^-$$

$$NH_3 + H^+ + H_2BO_4{}^- \longrightarrow NH_4H_2BO_4$$

$$NH_4H_2BO_4 + HCl \longrightarrow NH_4Cl + H^+ + H_2BO_4{}^-$$

测出的总氮量乘以换算系数 6.25，即可计算出样品中的粗蛋白含量。

【试剂和器材】

1. 试剂

所有试剂均用不含氨的蒸馏水配制。

（1）浓硫酸：化学纯，含量 98%，无氮。

（2）混合催化剂：硫酸铜（$CuSO_4 \cdot 5H_2O$）与硫酸钾（K_2SO_4）以 1∶15 配比研磨混合。

（3）40% 氢氧化钠溶液。

（4）4% 硼酸溶液：称取 4g 硼酸溶于蒸馏水中稀释至 100mL。

（5）标准盐酸溶液（约 0.0100mol/L）：用邻苯二甲酸氢钾法标定。

（6）混合指示剂：0.1% 甲基红乙醇溶液与 0.5% 溴甲酚绿乙醇溶液等体积混合，贮于棕色瓶中，在阴凉处保存。

2. 器材

凯氏定氮蒸馏装置、电炉、100mL 锥形瓶、10mL 酸式滴定管、表面皿、100mL 容量瓶、小漏斗、吸量管、100mL 量筒、铁丝筐、分析天平、粉碎机等。

3. 材料

饲料或血清等含蛋白质样品。

【实验操作】

1. 微量凯氏定氮仪的构造和安装

凯氏定氮仪由蒸汽发生器、反应室、冷凝管三部分组成（见图 6-4），蒸汽发生器包括一个电炉（1）及一个 3~5L 容积的烧瓶（2）。蒸汽发生器借橡皮管（4）与反应室（6）相连。反应室上边有两个小烧杯，一个为加样口（7），上面有棒状玻塞（11）供加样用，一个为碱液室（5）用于盛放碱液。样品和碱液由此可直接加到反应室中。反应室中心有一长玻璃管，其上端通到反应室外层，下端靠近反应室的底部。反应室外壳下端底部有一开口，连有橡皮管和管夹（12），由此放出反应废液。反应所产生的氨可通过反应室上端气液分离器（8）经冷凝管（9）通入收集瓶（10）中。反应室和冷凝管之间由橡皮管相连。

安装仪器时，将蒸汽发生器垂直地固定在铁架台上，用橡皮管把蒸汽发生器、反应室、冷凝管连接起来。橡皮管连接的部位应在同一水平位置。冷凝管下端与实验台的距离以放得下收集瓶为准。安装完毕后不得轻易移动，以免仪器损坏。认真检查整个装置是否漏气，以保证所测实验结果的准确性。

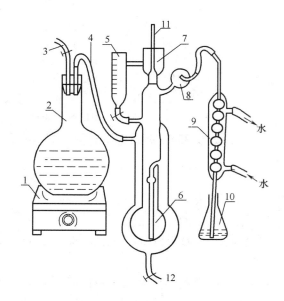

图 6 - 4　凯氏定氮仪

1—电炉　2—烧瓶　3—安全管　4—橡皮管　5—碱液室　6—反应室　7—加样口
8—气液分离器　9—冷凝管　10—收集瓶　11—棒状玻塞　12—管夹

2. 样品处理

（1）固体样品　随机取一定量研磨细的样品放入恒重的称量瓶中，置于105℃的烘箱中干燥4h，用坩埚钳将称量瓶取出放入干燥器内，待降至室温后称重，随后继续干燥样品，每干燥1h，称重一次，恒重即可。

（2）液体样品　①血清样品：取人血（或猪血）放入离心管中，于冰箱中放置过夜。次日离心除去血凝块，上层透明清液，即为血清。吸出1mL血清加到50mL容量瓶中，用蒸馏水稀释至刻度，混匀备用。②牛奶：新鲜牛奶。

3. 消化

（1）取3支消化管并编号，在1、2号管中各加入精确称取的干燥样品0.5~1g或液体样品5~10mL（注意：加样品时应直接送入管底，避免沾到管口和管颈上），加催化剂6.4g，浓硫酸10mL和2粒玻璃珠。在3号管中加相同量的催化剂和硫酸（若样品是液体时，还要加与样品等体积的蒸馏水）作为对照，用以测定试剂中可能含有的微量含氮物质。

（2）摇匀后，将瓶口上放一小漏斗，再把消化管斜置铁筐内放在通风橱内的电炉上消化。先用小火加热煮沸，不久看到消化管内物质炭化变黑，并产生大量泡沫，此时要注意，不能让黑色物质上升到消化管的瓶颈部，否则将严重影响样品测定结果。当混合物停止冒泡，蒸汽与二氧化碳也均匀地放出时，适当加强火力。在消化时，应使全部样品都浸泡在消化液中，如在瓶颈上发现黑色颗粒，应小心地将消化管倾斜振摇，用消化液将它冲洗下来。通常消化需要1~3h（对于那些赖氨酸含量较高的样品需要更长的时间），直到消化液由淡黄色变成清晰的淡蓝绿色，消化即告成功。为了保证消化彻底，再继续加0.5h。

（3）消化完毕，取出消化管冷却至室温。加入 20mL 蒸馏水，无损的转入 100mL 容量瓶中，用蒸馏水定容至刻度，混匀，作为试样分解液。

4. 蒸馏

（1）仪器的洗涤　仪器应先经一般洗涤，再经水蒸气洗涤。目的在于洗去冷凝管中可能残留的氨。对于处于使用状态的仪器（正在测定中的仪器）加样前使蒸汽通过 1～2min 即可，对于较长时间未使用的仪器，必须用水蒸气洗涤到吸收蒸汽的硼酸–指示剂混合液中指示剂的颜色合格为止。

洗涤方法如下：取 2～3 个 100mL 锥形瓶，加入 10mL 4% 硼酸、2 滴混合指示剂，用表面皿覆盖备用。先煮沸蒸汽发生器，器中盛有 2/3 体积的用几滴硫酸酸化过的蒸馏水，样品杯中也加入 2/3 体积蒸馏水进行水封。关闭夹子（12）使蒸汽通过反应室中的插管进入反应室，再由冷凝管下端逸出。在冷凝管下端放一空烧杯以承受凝集水滴。这样用蒸汽洗涤 5min 左右，在冷凝管下口放入已准备好的盛有硼酸–指示剂的锥形瓶，位置倾斜，冷凝管下口应完全浸泡于液体内，继续用蒸汽洗涤 1～2min，观察锥形瓶中的溶液是否基本上不变色，若不变色，则证明蒸馏器内部已洗涤干净。下移锥形瓶，使硼酸液面离开冷凝管口约 1cm，继续通蒸汽 1min，最后用蒸馏水冲洗冷凝管外口。排废时用右手轻提样品杯中棒状玻塞，使水流入反应室的同时，立即用左手捏紧橡皮管（4），切断气源，盖好玻塞。由于反应室外层中蒸汽冷缩、压力降低，反应室内废液通过反应室中插管自动抽到反应室外壳中。再在样品杯中加入 2/3 体积蒸馏水，如此反复多次即可排尽废液及洗涤液。打开管夹（12）将反应室外壳中积存的废液排出，关闭管夹再使蒸汽通过全套蒸馏仪 1～3min，即可进行下一次蒸馏。

（2）样品及空白的蒸馏　取 3 个 100mL 锥形瓶，分别加入 4% 硼酸 20mL，混合指示剂 2 滴，溶液呈紫红色，用表面皿覆盖备用。

①加样：加样前先撤火（熟练后此步可省去），务必打开管夹（12）（这是本实验的关键，否则样品会倒抽到反应室外），准确移取试样分解液 10mL，打开样品杯的棒状玻塞，将样品放入反应室，用少量蒸馏水冲洗样品杯后也使之流入反应室，将管夹（12）夹紧。盖上玻塞，并在样品杯中加蒸馏水进行水封。将装有硼酸–指示剂的锥形瓶放在冷凝管口下方，打开碱液杯下端的夹子，放 10mL 40% 氢氧化钠溶液于反应室后，立即上提锥形瓶，使冷凝管下口浸没在锥形瓶的液面下，目的是保证放出的氨全部被硼酸吸收。

②蒸馏：反应液沸腾后，锥形瓶中的硼酸–指示剂混合液由紫红色变为蓝色，自变色起计时，蒸馏 4min。移动锥形瓶，使硼酸液面离开约 1cm，并用少量蒸馏水冲洗冷凝管下口外面，继续蒸馏 1min，将锥形瓶取出，用表面皿覆盖以待滴定。

③排废液及洗涤：一次蒸馏结束后，要排出反应后的废液并对蒸馏装置进行洗涤。排废和洗涤等操作与前面仪器的洗涤相同。排废洗涤后，可进行下一个样品的蒸馏（每一个样品要同时做三份，以求得准确结果）。待样品和空白消化液蒸馏完毕后，同时进行滴定。

5. 滴定

全部蒸馏完毕后，用 0.0100mol/L 标准盐酸溶液滴定各锥形瓶中收集的氨量，直至硼酸－指示剂混合液由绿色变回淡紫色，即为滴定终点。

【结果处理】

根据消耗盐酸的体积，代入下式计算粗蛋白的含量：

$$粗蛋白质 = \frac{(V_2 - V_1) \times c \times 0.0140 \times 6.25}{m \times \frac{V'}{V}} \times 100\%$$

式中 V_2——滴定试样时所需标准酸溶液体积，mL；

   V_1——滴定空白时所需标准酸溶液体积，mL；

   c——盐酸标准溶液浓度，mol/L；

   m——试样质量，g；

   V——试样分解液总体积，mL；

   V'——试样分解液蒸馏用体积，mL；

  0.0140——与 1.00mL 标准盐酸（1.0mol/L）溶液相当的、以克表示的氮的质量；

   6.25——氮换算成蛋白质的平均系数。

【注意事项】

（1）样品应是均匀的。固体样品应预先研细混匀，液体样品应振摇或搅拌均匀。

（2）消化时如不容易呈透明溶液，可将定氮瓶放冷后，慢慢加入 30% 过氧化氢（H_2O_2）2～3mL，促使氧化。

（3）硼酸吸收液的温度不应超过 40℃，否则氨吸收减弱，测定结果偏低。可把接收瓶浸泡在水浴中。

实验十一 乙酸纤维素薄膜电泳法分离血清蛋白质

【实验目的】

（1）理解乙酸纤维素薄膜电泳法分离血清蛋白的原理。

（2）熟练掌握乙酸纤维素薄膜分离血清蛋白质的操作方法。

【实验原理】

本实验是以乙酸纤维素薄膜作为支持体的区带电泳，以动物血清为材料，血清中蛋白质组分的等电点如下：清蛋白 4.64，α_1－球蛋白 4.9，α_2－球蛋白 5.06，β－球蛋白 5.12，γ－球蛋白 6.85～7.3。

将少量血清用点样器点在浸有缓冲液的乙酸纤维素薄膜上，薄膜两端经过滤纸与电泳槽中缓冲液相连。缓冲液 pH 为 8.6，血清蛋白质在此缓冲液中均带负电荷，在电场中向正极移动。由于血清中不同蛋白质带有不同的电荷数量及相对分子质量不同而泳动速度不同。带电荷多及相对分子质量小者泳动速度快，带电荷少及相对分子质量大者泳动速度慢，从而彼此分离。

电泳后将薄膜取出，经染色和漂洗，薄膜上显示出 5 条蓝色区带，每条带代表一种蛋白质，从点样端起依次为清蛋白、α_1－球蛋白、α_2－球蛋白、β－球蛋白、γ－球蛋白。经洗脱比色或薄膜经透明处理后用光密度计扫描计算，即可求出血清中各蛋白质组分的相对百分含量。

乙酸纤维素薄膜由于具备对样品没有吸附现象、电泳时各区带分界清楚、拖尾现象不明显、样品用量少以及电泳时间短等特点，已被广泛应用。

【试剂和器材】

1. 试剂

（1）巴比妥－巴比妥钠缓冲液（pH8.6）：巴比妥钠 12.76g、巴比妥 1.66g，置于盛有 200mL 蒸馏水的烧杯中稍加热溶解后，移至 1000mL 容量瓶中，加蒸馏水定容至刻度。

（2）染色液：称取氨基黑 10B 0.5g，加入蒸馏水 40mL、甲醇 50mL、冰醋酸 10mL，混匀，贮存于试剂瓶中。

（3）漂洗液：取 95% 乙醇 45mL、冰醋酸 5mL 和蒸馏水 50mL 混匀。

（4）透明液：冰醋酸 25mL、95% 乙醇 75mL 混匀。

（5）洗脱液：0.4mol/L NaOH 溶液。

2. 器材

电泳仪、电泳槽、乙酸纤维素薄膜、点样器、滤纸、剪刀、镊子、分光光度计等。

3. 实验材料

新鲜血清（无溶血）

【实验操作】

1. 乙酸纤维素薄膜的润湿与选择

将 2.0cm×8cm 薄膜光泽面向下漂于缓冲液上浸泡 5～10min，完全浸透后，整条薄膜颜色一致而无白色斑点，表明薄膜质地均匀（实验中应选取质地均匀的膜）。

2. 制作电桥

将巴比妥缓冲液（pH8.6）倒入电泳槽中，并使各槽缓冲液液面在同一水平面。然后，于两极槽中各放入四层滤纸或纱布，滤纸或纱布的一端浸入缓冲液中，另一端贴附在电泳槽支架上，在薄膜与两极缓冲液之间起"桥梁"作用。

3. 点样与电泳

取出浸透的薄膜轻轻夹于滤纸中，吸去多余的液体。用较细而顶端光滑的微量吸管或载玻片蘸取血清，"印"在薄膜无光泽面上距一端 1.5～2cm 处，点样区要呈粗细均匀一直线。待血清吸入膜后，将薄膜两端紧贴在电泳槽支架的滤纸桥上，无光泽面向下，点样端在电泳槽阴极。加盖，平衡 10min，接通电源，电压 100～120V，电泳 45～60min。

4. 染色与浸洗

电泳结束后，关闭电源。将薄膜从电泳槽中取出，直接浸入到氨基黑 10B 染色液中，染色 5～10min。从染色液中取出薄膜，浸入漂洗液中反复漂洗，直至背景无色薄膜上区带清晰可见为止。

5. 结果判断

一般经漂洗后，薄膜上可呈现 5 条区带，由正极端起，依次为清蛋白、α_1－球蛋白、α_2 - 球蛋白、β - 球蛋白、γ - 球蛋白。

【结果处理】

1. 薄膜的透明、保存

将薄膜用滤纸吸干或用吹风机吹干，浸入透明液中，2min 后立即取出，紧贴在载玻片上，赶走气泡。完全干燥后，薄膜透明，可作扫描或照相用；将该玻璃板浸入水中，则透明的薄膜可脱下，吸干水分，可长期保存。

2. 蛋白质定量

可利用洗脱法或光密度计扫描法，测得各蛋白质组分的百分含量。

（1）洗脱法　将未透明的薄膜按蛋白质区带剪开，分别置于试管中，另于空白部位剪一平均大小的薄膜条放入另一试管中。各管内加入 0.4mol/L NaOH 溶液（清蛋白管为 4mL，其余各管均为 2mL），摇匀。放入 37°C 恒温水浴中浸提 30min，每隔 10min 振荡一次，然后在 620nm 波长处比色，以无蛋白区带的试管为空白调零点，分别测得各管吸光度值为：$A_清$、$A_{\alpha1}$、$A_{\alpha2}$、A_β、A_γ。按下列方法计算血清中各种蛋白质所占的百分率。

先计算光密度值总和（A）：

$$A = 2 \times A_清 + A_{\alpha1} + A_{\alpha2} + A_\beta + A_\gamma$$

再计算血清中各种蛋白质所占百分率：

$$清蛋白 = 2 \times A_清 / A \times 100\%$$
$$\alpha_1 - 球蛋白 = A_{\alpha1} / A \times 100\%$$
$$\alpha_2 - 球蛋白 = A_{\alpha2} / A \times 100\%$$
$$\beta - 球蛋白 = A_\beta / A \times 100\%$$
$$\gamma - 球蛋白 = A_\gamma / A \times 100\%$$

（2）光密度计扫描法　将已透明的薄膜电泳图谱放入自动扫描光密度计内，在记录仪上自动绘出血清蛋白质各组分曲线图，横坐标为薄膜长度，纵坐标为光密度值，每个峰代表一种蛋白质组分。然后用求积仪测量出各峰的面积。或者剪下各峰，称其质量，根据每个峰的质量与其峰总质量的百分比也能得出血清中各种蛋白质的百分含量。

【注意事项】

（1）乙酸纤维素薄膜一定要充分浸透后才能点样。点样后电泳槽一定密闭；电流不易过大，防止薄膜干燥，电泳图谱出现条痕。

（2）缓冲液的离子强度一般不应小于 0.05，或大于 0.075，因为过小可使区带拖尾，而过大则使区带过于紧密。

（3）切勿用手接触薄膜表面，以免油腻或污物沾上，影响电泳结果。

（4）电泳槽内的缓冲液要保持清洁（数天要过滤一次），两极溶液要交替使用。最好将连接正极、负极的电流调换使用。

【思考题】

在电泳中影响蛋白质泳动的因素有哪些？哪种因素起决定性作用？

实验十二　聚丙烯酰胺凝胶圆盘电泳法分离蛋白质

【实验目的】

（1）了解聚丙烯酰胺凝胶圆盘电泳法分离蛋白质的原理。

（2）掌握聚丙烯酰胺圆盘电泳法分离蛋白质的基本技术。

（3）能够正确分析判断实验结果。

【实验原理】

聚丙烯酰胺是由丙烯酰胺（简称 Acr）和交联剂 N, N' - 亚甲基双丙烯酰胺（简称 Bis）在催化剂（如过硫酸铵）作用下，聚合交联而成的具有网状立体结构的凝胶。以此凝胶为支持物在垂直的玻璃管中进行电泳，电泳分离的区带似圆盘状，因而得名。在不连续盘状电泳的凝胶管中装有三种不同的凝胶层（见图 6 - 5、图 6 - 6）。

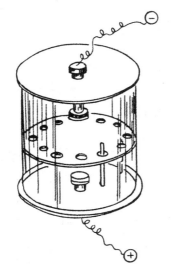

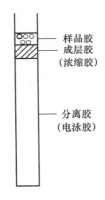

样品胶
成层胶
（浓缩胶）

分离胶
（电泳胶）

图 6 - 5　盘装电泳装置　　　　　图 6 - 6　凝胶装管示意图

第一层：样品胶，大孔径 Tris - HCl 缓冲液（pH6.7）。

第二层：浓缩胶，大孔径 Tris - HCl 缓冲液（pH6.7）。

第三层：分离胶，小孔径 Tris - HCl 缓冲液（pH8.9）。

盘状电泳装置上、下两电泳槽中电极缓冲液为 Tris - 甘氨酸缓冲液（pH8.3）。上电泳槽接电源的负极，下电泳槽接正极。

不连续凝胶电泳的分离原理如下：

1. 样品的浓缩效应

（1）凝胶层的不连续性　浓缩胶与分离胶中所用原料总浓度和交联度不同，孔径大小不同。前者孔径大，后者孔径小。带电荷的蛋白质离子在浓缩胶中泳动时，因受阻力小，泳动速度快。当泳动到小孔径的分离胶时，遇到阻力大，移动速度逐步减慢，使样品浓缩成很窄的区带。

（2）缓冲液离子成分的不连续性　最上层电极缓冲液中甘氨酸在 pH8.3 时，可部分解离为 $NH_2CH_2COO^-$。三层胶中的缓冲液都是 Tris－HCl，HCl 在各自 pH 条件下均被全部解离为 Cl^-，而在 pH6.7 时蛋白质被解离带负电（因大部分蛋白质 pH 为 5.0 左右），通电后，电极缓冲液中的甘氨酸进入浓缩胶缓冲液，pH 由 8.3 变为 6.7，使甘氨酸解离度降低，负电荷减少，迁移率明显下降（称慢离子）；相反 Cl^- 处于解离状态，且颗粒和摩擦力最小，其迁移率最大（称快离子）。结果在浓缩胶中，离子迁移率为 Cl^-＞蛋白质＞甘氨酸。由于 Cl^- 的快速移动，使在 Cl^- 后面胶层中的离子浓度骤然降低，形成一个低电导或称高电位梯度（电位差）区域，因为电泳速度取决于电位差和有效迁移率，所以在此区域中，使蛋白质离子及甘氨酸离子加速向阳极移动。由于蛋白质离子的有效迁移率居于两者之中，一定时间后，当电位梯度不大时，Cl^- 能够超越蛋白质离子，而甘氨酸离子则落后于蛋白质离子。当这三种离子形成界面时，蛋白质离子就聚集在 Cl^- 和甘氨酸离子之间，浓缩成很窄的薄层。此浓缩效应使蛋白质浓缩了数百倍。

在分离胶层中，因缓冲液 pH 为 8.9，甘氨酸进入此胶层后，其解离度大大增加，它的迁移率几乎与 Cl^- 接近。此外，分离胶孔径小，蛋白质在泳动时，所受阻力较浓缩胶中大，移动缓慢。由于这两个原因，使甘氨酸离子在分离胶中有效迁移率超过蛋白质离子，导致分离胶不具备浓缩胶效应，而只有分离效应。

2. 分子筛效应

由于在凝胶电泳中，凝胶浓度不同，其网的孔径大小也不同，可通过的蛋白质相对分子质量范围也就不同。在分离胶中孔径较小，相对分子质量和构型不同的蛋白质分子，通过一定孔径的凝胶时所受阻力不同，从而引起泳动速度的变化。大分子受阻程度大，走在后面，小分子受阻小，走在前面。所以多种蛋白质即使所带电荷相同，迁移率相等，在聚丙烯酰胺中经一定时间泳动后，也能彼此分开。

3. 电荷效应

由于各种蛋白质所带电荷不同，有效迁移率也不同，它们在浓缩胶和分离胶交界处被浓缩成狭窄区带，仍以一定程序排列成各自的小圆盘状，紧接在一起。当它们进入分离胶时，由于电泳体系已处于一个均一的连续状态中，故此时以电荷效应为主，带不同电荷的蛋白质离子按其泳动速度大小顺次分离。

【试剂和器材】

1. 试剂

（1）30% Acr－Bis·贮存液：丙烯酰胺 30g，$N,N'-$ 亚甲基双丙烯酰胺 0.8g，加蒸馏水定容至 100mL。过滤除去不溶物；装棕色瓶；4℃冰箱保存。

（2）分离胶缓冲液（pH8.9）：取 1mol/L HCl 48.0mL，Tris36.3g，加蒸馏水至 100mL。

（3）浓缩胶缓冲液（pH6.7）：取 1mol/L HCl 48.0mL，Tris5.98g，溶于蒸馏水至 100mL。

（4）10%TEMED（四甲基乙烯二胺）（加速剂）：取 TEMED 1mL，加蒸馏水 9mL 混匀。

（5）10%过硫酸铵（催化剂）：称取过硫酸铵 1g，溶于 10mL 蒸馏水中（临用前配制）。

（6）50%甘油。

（7）25%蔗糖。

（8）5%乙酸溶液。

（9）0.05%溴酚蓝：溴酚蓝 50mg，溶于 0.005mol/L NaOH 100mL 中。

（10）0.5%氨基黑染料：称氨基黑 10B 0.5g，加 7%乙酸至 100mL。

（11）电极缓冲液：称 Tris 6g，甘氨酸 28.8g，加水定容至 1000mL，用时稀释 10 倍。

2. 器材

电泳仪、圆盘状电泳槽、毛细滴管、烧杯（25mL）、玻璃管（直径 0.5cm，长 10cm）、注射器、微量加样器（10~50μL）。

3. 材料

动物血清。

【实验操作】

1. 制备凝胶管（6 支凝胶管用量）

将洗净而干燥的玻璃管（内径 0.5cm，长约 10cm，切口磨平），一端用塞有玻璃的橡皮管套住勿使漏水，垂直放好，并在距底端约 7cm 或 8cm 处各做一个记号。

（1）分离胶制备　取一只洁净小烧杯分别加入下述试剂（凝胶浓度为 7.5%）。

30%Acr - Bis 贮存液	2.5mL	蒸馏水	6.1mL
分离胶缓冲液（pH8.9）	1.25mL	10%过硫酸铵	0.05mL
10%TEMED	0.1mL		

试剂加好后，轻轻混匀，以毛细滴管吸出此液加入上述玻璃管中，使胶高为 6~7cm。立即再用毛细滴管或弯针头沿管壁小心地在胶液上覆以 0.5cm 厚的水层。切忌使加入之水呈滴状坠入胶液。将此玻璃管垂直放在试管架上。约过半小时，即可看到胶和水的清晰界面，说明凝胶聚合，用滤纸吸去覆盖的水层，再制备浓缩胶层。

（2）浓缩胶制备　取一只洁净小烧杯，分别加入下述试剂（凝胶浓度为 3%）。

30%Acr - Bis 贮存液	1.0mL	蒸馏水	7.55mL
浓缩胶缓冲液（pH6.7）	1.25mL	10%过硫酸铵	0.1mL
10%TEMED	0.1mL		

试剂加好后，轻轻混匀，用毛细滴管吸出此液加于上述凝胶层（分离胶）上至 8cm 处。同样覆盖 0.5cm 厚的水层，垂直放试管架上。放置 30min，凝胶聚合后，用滤纸吸去水层，准备加样。

2. 加样

取血清 0.2mL，25%蔗糖溶液 0.2mL，0.05%溴酚蓝溶液 0.1mL，混匀后，于每管浓缩胶上面加 30μL。

3. 电泳

将加样后的凝胶管去除下面连接的玻璃塞后，安装在下槽底部的小孔中，凝胶管必须垂直，沿管壁加入电极缓冲液直至顶端。在上槽和下槽中加满电泳缓冲液（pH8.3），插上电极，上负下正。接通电源，调节电流，开始时将其控制在 1~2mA/管，待示踪染料进入分离胶时，调节电流 3mA/管，当溴酚蓝指示剂接近管底 1cm 处时，切断电源，取出凝胶管。

4. 剥胶

注射器内吸入蒸馏水作润滑剂，将针头插入胶柱与管壁之间，一边注水一边旋转，取出针头，在凝胶管的另一端同样注入蒸馏水，一边注入，一边轻轻旋转，凝胶随即排出。也可用吸耳球轻轻在胶管一端加压，使凝胶柱从玻管中缓慢滑出。一般剥胶从浓缩胶一端开始。

5. 染色与脱色

从玻管中剥出的凝胶，浸于 0.5%~1% 氨基黑染色液中，染色 0.5~1h（有的蛋白质需要 6h 甚至更多的时间，视具体情况而定）。染色后，用水冲去多余的染料，放入 5% 乙酸中漂洗，多次更换漂洗液脱色，直到蛋白质区带清晰、余色全部脱去为止。此时血清蛋白电泳图谱即清晰可见（见图 6-7）。

【结果处理】

（1）若试剂纯度高，并用双蒸水配制，实验中条件控制得好，可以分离得到 20~30 条清晰的蛋白质区带。

（2）凝胶谱带的标本放在 7% 乙酸溶液中保存。

【注意事项】

（1）丙烯酰胺与 N, N' - 亚甲基双丙烯酰胺是神经性毒剂，并对皮肤有刺激作用，故操作时需带医用手套，避免与皮肤接触。

（2）过硫酸铵溶液和 TEMED 溶液最好是当天配制。冰箱中贮存也不能超过一周。

（3）吸取溶胶的滴管、吸管等，要立即排空和清洗，以防凝固、堵塞。

【思考题】

（1）聚丙烯酰胺凝胶作为电泳支持物，有何优缺点？

（2）哪些因素可以影响凝胶的聚合？

（3）为什么在样品中加含有少许溴酚蓝的 40% 蔗糖溶液？蔗糖及溴酚蓝各有何用途？

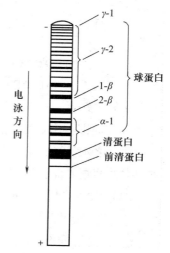

图 6-7　血清蛋白聚丙烯酰胺凝胶电泳图谱

实验十三 SDS-聚丙烯酰胺凝胶电泳测定 蛋白质相对分子质量

【实验目的】

（1）理解 SDS-聚丙烯酰胺凝胶电泳测定蛋白质相对分子质量的基本原理。

（2）掌握 SDS-聚丙烯酰胺凝胶电泳测定蛋白质相对分子质量的操作技术。

【实验原理】

聚丙烯酰胺凝胶电泳之所以能将不同的大分子化合物分开，是由于这些大分子化合物所带电荷的差异和分子大小不同之故。如果将电荷差异这一因素除去或减小到可以忽略不计的程度，这些化合物在凝胶上的迁移率则完全取决于相对分子质量。

SDS 是十二烷基硫酸钠的简称，它是一种阴离子去污剂，能按一定比例与蛋白质分子结合成带负电荷的复合物，其负电荷远远超过了蛋白质分子原有的电荷，也就消除或降低了不同蛋白质之间原有的电荷差别。另外，SDS 与蛋白质结合后还可引起构象改变，SDS-蛋白质复合物是近似"雪茄"形的长圆棒状，不同蛋白质的 SDS 复合物的短轴长度都一样，约为 1.8nm。因此在电泳时，蛋白质的迁移率不再受电荷和形状的影响，而只取决于相对分子质量的大小。根据标准蛋白质的相对分子质量的对数对迁移率所作的标准曲线就可求得未知蛋白质的相对分子质量。

【试剂与器材】

1. 试剂

（1）30% 凝胶贮备液：丙烯酰胺（Acr）：亚甲基双丙烯酰胺（Bis）= 29：1，容量瓶中加重蒸水至 100mL，4℃冰箱保存，30 天以内使用。

（2）10% SDS，室温保存，气温较低时易析出，加热后重新溶解。

（3）10% 过硫酸铵：新鲜配制，4℃可保存一周。

（4）1% TEMED。

（5）5×电泳缓冲液（pH8.3）：Tris 碱 15.1g 和甘氨酸 94g，加入 10% SDS 50mL，去离子水定容至 1000mL 即为 5×贮存液，用时稀释 5 倍。

（6）分离胶缓冲液（pH8.8）：1.5mol/L Tris-HCl。18.15g Tris（三羟甲基氨基甲烷），加约 80mL 重蒸水，用 1mol/L HCl 调 pH 到 8.8，用重蒸水稀释至最终体积为 100mL，4℃冰箱保存。

（7）浓缩胶缓冲液（pH6.8）：0.5mol/L Tris-HCl。6gTris，加约 60mL 重蒸水，用 1mol/L HCl 调 pH 至 6.8，用重蒸水稀释至最终体积为 100mL，4℃冰箱保存。

（8）样品缓冲液：蔗糖 2.5g、SDS 0.46g、Tris0.15g、2-巯基乙醇 1mL，用水定容至 10mL，加溴酚蓝 0.01g，使之完全溶解。

（9）染色液（0.25% 考马斯亮蓝溶液）：1.25g 考马斯亮蓝 R250，溶于 227mL 蒸馏水中，加入甲醇 227mL，再加入冰醋酸 46mL（水：甲醇：冰醋酸近似 5：5：1），搅拌使之充分溶解，必要时滤去颗粒状物质。

（10）脱色液：甲醇、冰醋酸、水按体积 3：1：6 的比例混合。

2. 器材

垂直板状电泳装置、微量进样器、注射器、染色缸、镊子、刻度尺、小锥形瓶。

3. 材料

动物血清或其它蛋白质样品。

【实验操作】

1. 制备凝胶板

（1）将垂直平板电泳槽装好，用1.5%琼脂趁热灌注于电泳槽平板玻璃的底部，以防漏。

（2）分离胶的制备　按下列比例在小烧杯中加入各试剂，混合后即成10%分离胶。

30%凝胶贮存液	5.0mL	10%过硫酸铵	0.15mL
分离胶缓冲液	3.8mL	1% TEMED	0.5mL
10% SDS	0.15mL	H_2O	5.4mL
总体积	15mL		

混匀后立即将其小心地注入准备好的玻璃板间隙中，轻轻在顶层加上几毫升覆盖液（0.1% SDS或去离子水），以阻止氧对凝胶聚合的抑制作用并使胶面平整。

凝胶聚合完成后（需30～45min），倒去覆盖膜，用去离子水洗胶上部数次，然后用滤纸吸干。

（3）浓缩胶的制备　按下列比例在试管或烧杯中制备5%浓缩胶。

30%凝胶贮存液	0.85mL	10%过硫酸铵	0.05mL
浓缩胶缓冲液	0.65mL	1% TEMED	0.2mL
10% SDS	0.05mL	H_2O	3.2mL
总体积	5mL		

混匀后立即注入分离胶表面，插入样品梳。注意尽量不要形成气泡。室温下静置30min以上。

（4）样品及相对分子质量标准参照物溶液的制备　在浓缩胶聚合的同时，称取一定量的样品和蛋白质分子标准参照物，将它们分别溶于一定量的1×样品缓冲液中，蛋白质浓度为2～5mg/mL。若样品本身为水溶液，则与等体积2×样品缓冲液混合即可。

处理好的样品溶液可在冰箱中保存较长时间。使用前在100℃水浴中加热1min，以除去可能出现的亚稳态聚合物。

（5）浓缩胶聚合完成后，小心地移出样品梳，用去离子水冲洗梳孔，以除去未聚合的丙烯酰胺。将上、下槽均加入电泳缓冲液，注意检查是否有泄漏，凝胶底物和加样孔中有无气泡。

2. 上样

按顺序，用微量注射器向凝胶梳孔内加入样品及蛋白质标准相对分子质量参照物。

3. 电泳

将上槽的电极接电源的负极，下槽的电极接电源的正极。打开电泳仪电源开关，调节电压为8V/cm，并保持恒定。待蓝色的溴酚蓝进入分离胶后，将电压增加到158V/cm，继续电泳直到溴酚蓝带迁移至距凝胶下端约1cm时（约需4h），停止电泳，关闭电源。

4. 剥胶

从电泳装置上卸下玻璃板，放在吸水滤纸上，用刮勺撬开玻璃板，将凝胶下部切去一角，以标示凝胶方位。

5. 固定、染色

小心将胶取出，置于一大培养皿中，加入至少5倍凝胶体积的染色液，浸泡3~4h，并经常摇动。

6. 脱色

倾出染色液，加入脱色液，每4~6h更换一次，直至背景清晰。一般需24h以上。

【结果处理】

通常以相对迁移率 M_r 来表示迁移率，相对迁移率的计算公式如下：

相对迁移率（M_r） = 蛋白质迁移距离/染料迁移距离

以蛋白质标准相对分子质量参照物的迁移率为横坐标，以相对分子质量为纵坐标，绘制标准曲线。根据待测蛋白质样品的相对迁移率，从标准曲线上查出其相对分子质量。

实验十四　离子交换柱层析法分离混合氨基酸

【实验目的】

（1）理解离子交换层析分离氨基酸的原理。

（2）通过实验要求学会装柱、洗脱、收集等离子交换柱层析技术。

【实验原理】

离子交换就是指液相中的离子与固相中活性基团离子的可逆交换反应。利用这个反应将要分离的混合物先在一定 pH 的溶液中全部解离，而后流过固定相使之与固相上的离子交换，吸附于固相上，再根据混合物中解离度的差别，用不同 pH 溶液分别洗脱下来，达到分离混合物中各组分的目的。

由于不同氨基酸在不同的 pH 及离子强度溶液中所带电荷各不相同，故对离子交换树脂的亲和力也各不相同。从而可以在洗脱过程中按先后顺序洗出，达到分离的目的。

【试剂与器材】

1. 试剂

（1）磺酸型阳离子交换树脂（Dowex 50）。

（2）0.1mol/L 柠檬酸缓冲液（洗脱液，pH4.2）：0.1mol/L 柠檬酸 54mL 与 0.1mol/L 柠檬酸钠 46mL 混合。

（3）2mol/L HCl。

（4）2mol/L NaOH。

（5）0.1mol/L HCl。

（6）0.1mol/L NaOH。

（7）pH5，0.2mol/L 乙酸缓冲液：0.2mol/L NaAc 70mL 加 0.2mol/L HAc 30mL 混匀。

（8）0.2%酸性茚三酮溶液：0.2g 茚三酮溶于 90mL 丙酮中，再加冰乙酸 5mL、蒸馏水 5mL。

（9）0.2%茚三酮溶液：0.2g 茚三酮溶于 100mL 丙酮中。

（10）0.1% $CuSO_4$ 溶液。

（11）氨基酸样品：0.005mol/L 的 Asp 和 Lys（用 0.02mol/L HCl 配制）。

2. 器材

层析柱（0.8~1.2cm，10~12cm）、水浴锅、橡皮管、量筒、分光光度计、分液漏斗、吸管等。

3. 材料

氨基酸混合液：丙氨酸、天冬氨酸、赖氨酸各 10mg 溶于 1mL 0.1mol/L HCl 中。

【实验操作】

1. 树脂的处理

100mL 烧杯中置约 10g 树脂，加 2mol/L HCl 25mL 搅拌 2h，倾去酸液，用蒸馏水充分洗涤树脂至中性。再加 2mol/L NaOH 25mL 至上述树脂中搅拌 2h，倾去碱液，用蒸馏水洗涤至中性。将树脂悬浮于 50mL pH4.2 柠檬酸缓冲液中备用。

2. 装柱

垂直装好层析柱，底部垫玻璃棉或海绵圆垫，关闭出口，自顶部注入经处理的上述树脂悬浮液，待树脂沉降后，放出过量的溶液，再加入一些树脂，直至树脂沉积至 8~10cm 高度。在柱子顶部继续加入 pH4.2 柠檬酸缓冲液洗涤，使流出液 pH 达 4.2 为止。关闭柱子出口保持液面在树脂表面上 1cm 左右。装柱要求连续、均匀、无气泡、表面平整，液面不得低于树脂表面，否则要重新装柱。

3. 平衡

将缓冲液瓶与恒流泵相连，恒流泵出口与层析柱入口相连，树脂表面保留 3~4cm 左右的液层，开动恒流泵，以 24mL/h 的流速平衡，直至流出液 pH 与洗脱液 pH 相同（需 2~3 倍柱床体积）。

4. 加样、洗脱、收集洗脱液

用长滴管将 15 滴氨基酸混合液加到树脂顶部，打开出口使其缓慢流入柱内，当液面刚平树脂表面时，加入 0.1mol/L HCl 3mL，以 10~12 滴/min 的流速洗脱。收集洗脱液，每管 10 滴，逐管收存。当 HCl 洗液刚平树脂表面时，用 1mL pH 4.2 柠檬酸缓冲液冲洗柱壁一次，接着用 2mL pH 4.2 柠檬酸缓冲液再冲洗柱壁一次，随后继续用 pH4.2 柠檬酸缓冲液洗脱，保持流速 10~12 滴/min，并注意勿使树脂表面干燥，用茚三酮溶液检测洗脱液中是否存在氨基酸。在用 pH4.2 柠檬酸缓冲液把第二个氨基酸洗脱出来之后，再收集二管茚三酮反应阴性部分，关闭层析柱出口，将树脂顶部的剩余 pH4.2 柠檬酸缓冲液移去。于树脂顶部加入 0.1mol/L NaOH 2mL，打开出口使其缓慢流入柱内，按上面操作继续用 0.1mol/L NaOH 洗脱并逐管收集（注意仍保持流速 10~12 滴/min），每管 10 滴，用酸性茚三酮溶液检测洗脱液中是否存在氨基酸。当第三个氨基酸用 0.1mol/L NaOH 洗脱下来以后，再继续收集二管茚三酮反应阴性部分。

在收集洗脱液的过程中，逐管用茚三酮检验氨基酸的洗脱情况，方法：于 10 滴洗脱液中加 10 滴 pH5 乙酸缓冲液及 10 滴 0.2% 茚三酮溶液，沸水浴中煮 10min，如溶液显紫蓝色表示已有氨基酸洗脱下来。显色的深度可代表洗脱的氨基酸浓度，可比色测定。

最后以洗脱液各管光密度（以蒸馏水做空白，在 570nm 波长，读取光密度）或以颜色深浅（以 -，±，+，+ +……表示）为纵坐标，洗脱液管号为横坐标作图，即可画出一条洗脱曲线。

实验十五　酪蛋白的制备

【实验目的】

（1）了解从牛乳中制备酪蛋白的基本原理。

（2）掌握从牛乳中制备酪蛋白的操作技术。

【实验原理】

酪蛋白是牛乳中的主要蛋白质，含量约为 35g/L。酪蛋白不是单一的一种蛋白质，而是一类含磷蛋白的混合物，pI 为 4.7。利用等电点时溶解度最低原理，将牛乳的 pH 调至 4.7，酪蛋白就会沉淀下来。酪蛋白不溶于乙醇，利用这个性质可除去酪蛋白粗制品中的脂类杂质，得到较纯的酪蛋白。

【试剂与器材】

1. 试剂

（1）95% 乙醇、乙醚。

（2）pH4.7 乙酸钠缓冲液。

2. 器材

离心机、天平、滤纸、布氏漏斗、抽滤瓶、电炉、烧杯、量筒、pH 试纸等。

3. 材料

牛乳。

【实验操作】

1. 酪蛋白等电点沉淀

（1）将 100mL 牛乳放入 500mL 烧杯内，加热至 40°C，搅拌条件下慢慢加入 100mL 40°C 左右的乙酸钠缓冲液，直到 pH 达 4.7 左右，用 pH 试纸或酸度计调试。

（2）将上述悬浮液冷至室温，用细布过滤或离心 15min（2000r/min），弃上清收集沉淀，得酪蛋白粗制品。

2. 除脂类杂质

（1）用蒸馏水洗沉淀（不要搅散）3 次，再次离心，3000r/min，10min，弃上清。

（2）在沉淀中加入约 20mL95% 乙醇，搅拌片刻，将悬浊液全部转移到布氏漏斗中，抽滤除去乙醇，再倒入乙醇 - 乙醚混合液洗沉淀 2 次，最后用无水乙醚洗沉淀 2 次，抽干。

（3）将沉淀摊开在表面皿上，风干（或烘干），得酪蛋白纯品。

【结果处理】

准确称量后，计算出每 100mL 牛乳中所制备出的酪蛋白含量（g），并与理论含量 3.5g/100mL 相比较，求出实际获得的百分率。

$$酪蛋白得率 = （测得含量/理论含量） \times 100\%$$

实验十六　细胞色素 C 的制备及测定

【实验目的】

（1）熟悉细胞色素 C 的理化性质及其生物学功能。

（2）掌握制备细胞色素 C 的原理。

（3）掌握制备细胞色素 C 的操作技术。

【实验原理】

细胞色素 C 是一种含铁卟啉基团的蛋白质，是呼吸链的一个重要组成成分。在线粒体呼吸链上位于细胞色素 b 和细胞色素 aa_3 之间，其作用是在生物氧化过程中传递电子。

细胞色素 C 分子中含赖氨酸较高，等电点偏碱，为 pH10.8，分子质量为 12000 ~ 13000u。它易溶于水及酸性溶液，且较稳定，不易变性，因此，组织破碎后，用酸性水溶液即能从细胞中浸提出来；细胞色素 C 可被人造沸石吸附，而且被吸附的细胞色素 C 能用 25% 的硫酸铵洗脱下来，利用这些特性可将细胞色素 C 与其它杂蛋白分开；再进一步提纯，即可得到较纯的细胞色素 C。

细胞色素 C 分为氧化型和还原型两种，还原型较稳定并易于保存，故一般都将细胞色素 C 制成还原型的。还原型细胞色素 C 的最大吸收峰为 415nm、520nm 和 550nm，一般以 520nm 作为测定细胞色素 C 含量的波长。

由于细胞色素 C 在心肌组织和酵母中含量丰富，常以此为材料进行分离制备。本实验以动物心脏为材料，经过酸溶液提取，人造沸石吸附，硫酸铵溶液洗脱，三氯醋酸沉淀等步骤制备细胞色素 C，并测定其含量。

【试剂与器材】

1. 试剂

（1）2mol/L H_2SO_4 溶液；1mol/L NH_4OH 溶液；固体硫酸铵。

（2）25% 硫酸铵溶液：100mL 蒸馏水中含 25g 硫酸铵，约相当于 25℃ 时 40% 的饱和度。

（3）0.2% 氯化钠溶液：称 0.2g 氯化钠，用蒸馏水溶解并定容至 100mL。

（4）$BaCl_2$ 试剂：称 12g $BaCl_2$，溶于 100mL 蒸馏水中。

（5）20% 三氯醋酸溶液。

（6）人造沸石（60 ~ 80 目）。

（7）联二亚硫酸钠（$Na_2S_2O_4 \cdot 2H_2O$）。

2. 器材

搅拌器、电动搅拌器、离心机、分光光度计、玻璃柱（2.5cm × 30cm）、下口瓶、烧杯、量筒、移液管、玻璃漏斗和纱布、玻璃棒、透析袋等。

【实验操作】

1. 细胞色素 C 的制备

（1）材料处理　取新鲜或冰冻猪心，除去脂肪和韧带，用水洗去积血，将猪心切成小块，放入绞肉机绞碎。

（2）提取　称取绞碎猪心肌肉 500g，放入 2000mL 烧杯中，加蒸馏水 1000mL，在电动搅拌器搅拌下以 2mol/L H_2SO_4 调 pH 至 4.0（此时溶液呈暗紫色），在室温下搅拌提取 2h，在提取过程中，使抽提液的 pH 保持在 4.0 左右。在即将提取完毕，停止搅拌之前，以 1mol/L NH_4OH 调 pH 至 6.0，停止搅拌。用八层普通纱布压挤过滤，收集滤液。滤渣加入 750mL 蒸馏水，再按上述条件提取 1h，两次提取液合并。

（3）中和　用 1mol/L NH_4OH 调上述提取液至 pH7.2（此时，等电点接近 7.2 的一些杂蛋白从溶液中沉淀下来），静置 30~40min 后过滤，所得滤液准备通过人造沸石柱进行吸附。

（4）吸附与洗脱　利用人造沸石吸附细胞色素 C，再用 25% 的硫酸铵洗脱下来。具体操作如下：

①人造沸石的预处理：称取人造沸石 11g，放入 500mL 烧杯中，加水搅拌，用倾泻法除去 12s 内不下沉的过细颗粒。

②装柱：选择一个底部带有滤膜的干净玻璃柱（2.5cm×30cm），柱下端连接一乳胶管，用夹子夹住，柱中加入蒸馏水至 2/3 体积，保持柱垂直，然后将已处理好的人造沸石带水装填入柱，注意一次装完，避免柱内出现气泡。

③上样：柱装好后，打开夹子放水（柱内沸石面上应保留一薄层水），将准备好的提取液装入下口瓶，使其通过人造沸石柱进行吸附。柱下端流出液的速度为 1.0mL/min。随着细胞色素 C 被吸附，柱内人造沸石逐渐由白色变为红色，流出液应为黄色或微红色。

④洗脱：吸附完毕，将红色人造沸石从柱内取出，放入 500mL 烧杯中，先用自来水，后用蒸馏水搅拌洗涤至水清，再用 100mL 0.2%NaCl 溶液分三次洗涤沸石，再用蒸馏水洗至水清，按第一次装柱方法将人造沸石重新装入柱内，用 25% 硫酸铵溶液洗脱，流速大约 2.0mL/min，收集含有细胞色素 C 的红色洗脱液，当洗脱液红色开始消失时，即洗脱完毕。人造沸石可再生使用。

⑤人造沸石再生：将使用过的沸石，先用自来水洗去硫酸铵，再用 0.25mol/L NaOH 和 1mol/L NaCl 混合液洗涤至沸石成白色，再用蒸馏水反复洗至 pH 7~8，即可重新使用。

（5）盐析　为了进一步提纯细胞色素 C，在上面收集的洗脱液中，边搅拌边加入固体硫酸铵（按每 100mL 洗脱液加入 20g 固体硫酸铵的比例，使溶液硫酸铵的饱和度为 45%），放置 30min 后，杂蛋白便从溶液中沉淀析出，而细胞色素 C 仍留在溶液内，用滤纸（或离心）除去杂蛋白，即得红色透亮细胞色素 C 溶液。

（6）三氯醋酸沉淀　在搅拌情况下向所得透亮溶液加入 20% 三氯醋酸（2.5mL 三氯醋酸/100mL 细胞色素 C 溶液），细胞色素 C 立即沉淀出来（沉淀出来的细胞色素 C 属可逆变性），立即于 3000r/min 离心 15min，收集沉淀。加入少许蒸馏水，用玻棒搅拌，使沉淀溶解。

（7）透析　将沉淀的细胞色素 C 溶解于少量的蒸馏水后，装入透析袋，在 500mL 烧杯中用蒸馏水进行透析除盐（电磁搅拌器搅拌），15min 换水一次，换水 3～4 次后，检查透析外液 SO_4^{2-} 是否已被除净。检查方法是：取 2mL $BaCl_2$ 溶液于试管中，滴加 2～3 滴透析外液至试管中，若出现白色沉淀，表示 SO_4^{2-} 未除净，反之，说明透析完全，将透析液过滤，即得细胞色素 C 制品。

2. 含量测定

（1）标准曲线的绘制　取 1mL 标准细胞色素 C（80mg/mL），稀释至 25mL，按下表操作。

试管号	0	1	2	3	4	5
标准细胞色素体积/（mg/mL）	0	0.2	0.4	0.6	0.8	1.0
蒸馏水/mL	4	3.8	3.6	3.4	3.2	3.0
CytC 浓度						
A_{520}						

摇匀，各管加少许联二亚硫酸钠作还原剂，然后在 520nm 处测得各管的光密度。以细胞色素浓度为横坐标，光密度值为纵坐标，作出标准曲线图。

（2）样品测定

取 1mL 样品，稀释适当倍数，再加少许联二亚硫酸钠，在波长 520nm 处测定光密度。最后根据标准曲线的斜率计算其细胞色素 C 的含量。

【结果处理】

细胞色素 C 的含量 = 标准曲线上查得的浓度 × 稀释倍数 × 终体积

在本实验中，500g 的猪心原料，应获得 75mg 以上的细胞色素 C 的制品。

【注意事项】

（1）尽可能除掉猪心中的韧带、脂肪和积血。

（2）使用离心机之前，一定要配平。

（3）透析之前要检查透析袋。

（4）在 520nm 处测得各管的光密度时，要加少许联二亚硫酸钠作还原剂。

【思考题】

（1）制备细胞色素 C 通常选取什么动物组织？为什么？

（2）本实验采用的酸溶液提取，人造沸石吸附，硫酸铵溶液洗脱，三氯醋酸沉淀等步骤制备细胞色素及含量测定，各是根据什么原理？

（3）请说出其它提取和纯化细胞色素 C 的方法，并简述其原理。

实验十七　血清免疫球蛋白的分离纯化及鉴定

分离纯化蛋白质的方法是利用不同蛋白质的某些物理、化学性质（如带电情况、相对分子质量、溶解度等）的不同而建立起来的，其中有盐析、离子交换、凝胶过滤、亲和层析、电泳和超速离心等。在分离纯化时，根据情况常选用几种方法，以达到分离纯化某种蛋白质的目的。

本实验采用硫酸铵盐析、凝胶过滤、DEAE-纤维素离子交换等方法，提取动物血清中的免疫球蛋白。

【实验目的】

（1）了解分离纯化蛋白的意义。

（2）掌握综合运用盐析法、凝胶过滤、离子交换等技术制备免疫球蛋白的操作技术。

Ⅰ　免疫球蛋白的沉淀——硫酸铵盐析法

【实验原理】

盐析是指在蛋白质胶体溶液中加入中性盐（常用硫酸铵）破坏蛋白质分子表面的双电层和水化膜，使蛋白质从溶液中沉淀析出的现象。沉淀不同蛋白质所需盐的浓度不同。例如，50%饱和度的硫酸铵能使血清中的球蛋白沉淀析出，而33%饱和度的硫酸铵则使 γ-球蛋白沉淀。因此，根据所要分离的蛋白质可选择不同饱和度的硫酸铵溶液进行盐析。

【试剂与器材】

1. 试剂

（1）饱和硫酸铵溶液（pH7.0）：称取分析纯（NH_4）$_2SO_4$ 760g，置于1000mL蒸馏水中，在50℃水温中搅拌溶解，室温中放置过夜，瓶底析出白色结晶，取上清液用氢氧化铵将酸度调节至pH7.0。

（2）磷酸盐缓冲液（0.01mol/L，pH7.0，内含0.15mol/L氯化钠简称PBS）：取0.2mol/L磷酸氢二钠（$Na_2HPO_4 \cdot 12H_2O$）30.5mL、0.2mol/L磷酸二氢钠（$NaH_2PO_4 \cdot 2H_2O$）19.4mL，加氯化钠8.5g用蒸馏水稀释至1000mL混匀后即成。

（3）磷酸盐缓冲液（0.02mol/L，pH6.7，不含氯化钠，简称PB）：取0.2mol/L磷酸氢二钠（$Na_2HPO_4 \cdot 12H_2O$）43.5mL、0.2mol/L磷酸二氢钠（$NaH_2PO_4 \cdot 2H_2O$）56.6mL用蒸馏水稀释至1000mL混匀后即成。

2. 器材

离心机、离心管、玻棒、吸管、烧杯等。

3. 材料

动物血清

【实验操作】

（1）取血清2.0mL加pH7.0磷酸盐缓冲液溶液2.0mL，混匀后，边搅拌边缓慢滴加饱和硫酸铵溶液1.0mL（溶液的硫酸铵饱和度为20%）。混匀后于室温中放置20min，3 000r/min离心10min，沉淀为纤维蛋白，上清液含有清蛋白、球蛋白。

（2）取上清液，再加饱和硫酸铵溶液3.0mL（溶液的硫酸铵饱和度为50%），静置10min，3 000r/min离心20min，沉淀为球蛋白，上清液含有清蛋白。

（3）小心倾去上清，沉淀中加入磷酸盐缓冲液（pH7.0）1.5mL使之溶解。此时溶液的硫酸铵饱和度为33%，静置20min，3 000r/min 离心10min，弃去上清液，沉淀为 γ - 球蛋白。

（4）将 γ - 球蛋白溶于2.5mLpH6.7磷酸盐缓冲液中，以便作进一步的纯化。

Ⅱ　脱盐——凝胶过滤法

【实验原理】

用盐析法分离而得的蛋白质中含有大量的中性盐，在进一步分离纯化前，必须除去。常用的方法有透析法、凝胶过滤等。本实验采用凝胶过滤法，其原理是利用蛋白质与无机盐类之间相对分子质量的差异。当提取液通过 Sephadex G - 25 凝胶柱时，分子直径小的硫酸铵进入凝胶颗粒的网孔之中，而分子直径大的蛋白质被排阻在外，因此，蛋白质随溶剂首先流出，硫酸铵后流出，从而可达分离二者的目的。

【试剂与器材】

1. 试剂

（1）Sephadex G - 25。

（2）磷酸盐缓冲液（pH6.7）。

（3）奈氏试剂：称取5gKI 溶于5mL 水中，加入饱和 $HgCl_2$ 溶液，不断搅拌，至朱红沉淀不再溶解时，加40mL 50% NaOH 溶液，稀释至100mL，静置过夜，取上清备用。

（4）20%磺基水杨酸溶液。

2. 器材

层析柱（1.50cm×20cm）、烧杯、玻棒、比色板等。

3. 材料

上一步盐析所制 γ - 球蛋白。

【实验操作】

1. 葡聚糖凝胶 G - 25 的处理

每100mL 凝胶床体积需要葡聚糖凝胶 G - 25 干胶25g。称取所需量置于锥形瓶中，每克干胶加入蒸馏水约30mL，轻轻混匀，置于90~100℃水温中时时搅动，使气泡逸出。1h 后取出，稍静置，倾去上清液细粒（也可于室温中浸泡24h，搅拌后稍静置，倾去上清液细粒）。用蒸馏水洗涤2~3次，然后用磷酸盐缓冲液（pH6.7）平衡，备用。

2. 装柱

取层析柱一根，垂直于固定架上，关闭出口。柱内加入10mL pH6.7 磷酸盐缓冲液，将已溶胀好的 Sephadex G - 25 倾倒去水，加入 pH6.7 磷酸盐缓冲液并搅拌成悬浮液，慢慢装入柱中，打开流出口，使自然沉降至15cm 高，关闭出口。在凝胶表面可盖一圆形滤纸，以免加入液体时冲起胶粒。

3. 加样与洗脱

打开出口，使柱中多余的磷酸盐缓冲液流出至凝胶柱床面（切勿低于柱床面），关闭出口。用长滴管吸取盐析球蛋白溶液2.0mL，沿管壁加到凝胶床表面。打开流出口，让样品进入凝胶柱，关闭出口，再用滴管小心加入少量磷酸盐缓冲液（pH6.7）洗柱内壁。打开下端出口，待缓冲液进入凝胶床后再加入适量缓冲液开始洗脱。

4. 分步收集、检测

加样后应立即收集洗脱液，每 2mL 收集一管，按顺序放在试管架上。在收集的同时，检查蛋白质是否流出。于每管中取出 1 滴放在黑色比色板孔中，再分别加入 1 滴 20% 磺酰水杨酸，如出现白色沉淀即表示蛋白质已流出凝胶柱，如此检测到蛋白质全部流出为止。同时，再从含蛋白质的管中取出 1 滴放于白色比色盘板中，加入奈氏试剂 1 滴，如不出现棕色，则表明蛋白质中的硫酸铵已除去，合并无硫酸铵的蛋白质管，待用。

Ⅲ　免疫球蛋白 G 的纯化——DEAE - 纤维素阴离子交换层析

【实验原理】

脱盐后的蛋白质溶液尚含有各种球蛋白，利用它们等电点的不同可进行分离。α - 球蛋白、β - 球蛋白的 pI < 6.0；γ - 球蛋白的 pI 为 7.2 左右。因此在 pH6.7 的缓冲溶液中，除 γ - 球蛋白外，其余球蛋白均带负电荷。经 DEAE -（二乙基氨基乙基）纤维素阴离子交换层析柱进行层析时，带负电荷的 α - 球蛋白和 β - 球蛋白能与 DEAE - 纤维素进行阴离子交换而被结合；带正电荷的 γ - 球蛋白因不能与 DEAE - 纤维素进行交换结合而直接从层析柱流出。因此随洗脱液流出的只有 γ - 球蛋白，从而使 γ - 球蛋白粗制品被纯化。

【试剂与器材】

1. 试剂

（1）DEAE - 纤维素：DE - 11、DE - 22、DE - 32、DE - 52 均可。

（2）0.5mol/L NaOH 溶液。

（3）0.5mol/L HCl 溶液。

（4）pH6.7 磷酸盐缓冲液。

2. 器材

层析柱（1.50cm×20cm）、烧杯、玻棒、滴管、刻度试管等。

3. 材料

上步所制脱盐后蛋白质样品。

【实验操作】

1. DEAE - 纤维素的活化处理

称取 DEAE - 纤维素 2g，浸泡过夜。次日倾去水，加 0.5mol/L NaOH 溶液 100mL，搅拌，静置，沉降后倒出 NaOH 溶液，用蒸馏水洗至 pH8 左右，倒出上清液。加 0.5mol/L HCl 溶液 100mL，静置 10min，倒出 HCl 溶液，用蒸馏水反复洗至 pH 为 6。

2. 装柱

取层析柱一根，按照安装 Sephadex G - 25 柱的方法安装并装入 DEAE - 纤维素。待纤维素自然沉降后，用磷酸盐缓冲液（pH6.7）平衡，直至流出液的 pH 达 6.7 为止。

3. 加样与洗脱、收集

将脱盐后的球蛋白溶液缓慢加于 DEAE - 纤维素阴离子交换柱上，用磷酸盐缓冲液（pH6.7）洗脱、分管收集。（上样、洗脱，收集及蛋白质检查等操作步骤同凝胶层析）。

经检测后，合并含蛋白质的试管，冰箱中保存。

Ⅳ IgG 纯度鉴定

【实验原理】

IgG 纯度鉴定方法很多，最常见的方法是电泳，如薄膜电泳、凝胶电泳及免疫电泳等，本实验采用免疫电泳法。

将可溶性抗原（通常是蛋白质）加在琼脂中，经电泳后，在琼脂一定的位置加入相应的抗体进行双向扩散。当两者比例合适并有电解质（NaCl、磷酸盐）存在时，在琼脂内出现沉淀弧。根据沉淀弧的存在与沉淀量，可定性、定量地检测样品中抗原、抗体的含量。

经 DEAE - 纤维素纯化的 IgG，若是单一组分，经电泳后，将分布在同一区域。再加入混合抗体（抗家畜血清的抗血清，其中含有抗 IgG 的抗体）经琼脂双向扩散后，则只出现一条沉淀弧；IgG 含杂蛋白越多，则出现的沉淀弧数量也越多。现以马血清（含多种抗原）和经纯化的 IgG（含一种抗原）的免疫电泳为例，如图 6 - 8 所示。

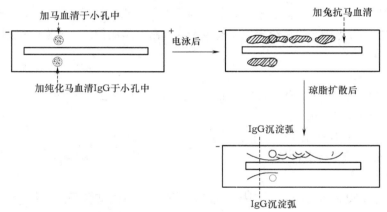

图 6 - 8　马血清及纯化 IgG 免疫电泳示意图

【试剂与器材】

1. 试剂

（1）巴比妥缓冲液（pH8.6，离子强度 0.05）。

（2）兔抗马血清。

2. 器材

水平电泳槽、电泳仪、载玻片（约 7.6cm × 2.5cm）、水浴锅等。

3. 材料

上步收集免疫球蛋白。

【实验操作】

1. 兔抗马血清的制备（无菌操作）

取注射器一支，吸取马血清 5mL，另取注射器一支，吸取福氏完全佐剂（羊毛脂：液体石蜡油 = 1 : 4 混匀，灭菌后加上卡介苗 30mg）5mL。用气门芯乳胶管连接注射器，往返推动 30 次，充分乳化，即为完全佐剂抗原。

取健康家兔 3 只，于四肢腋下的皮下各注射完全佐剂抗原 0.25mL，淋巴结周围肌肉注射 0.25mL。10d 后，在上述部位注射不完全佐剂（不加卡介苗）0.25mL，10d 后再注射一次。一周后，颈静脉放血，分离血清，加防腐剂置冰箱中备用。

2. 琼脂板的制备

取琼脂糖 1g，加巴比妥缓冲液 100mL，于沸水浴中溶化。取干净载物片一块放在水平玻璃板上，吸取热琼脂糖溶液 2.5mL，迅速加在载物片上至均匀分布满整个载物片，待琼脂糖凝固后，如图 6 - 9 所示，用打孔器打孔，刀片刻槽，再用大头针将琼脂糖取出。

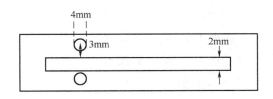

图 6 - 9 琼脂板打孔、刻槽位置示意图

3. 加血清

于上孔内加入马血清 20μL，下孔加入纯化的马血清 IgG20μL。

4. 电泳

将琼脂糖板放入电泳槽支架上，两端用 3 ～ 4 层纱布分别与琼脂糖和电泳槽相连。打开电源，调节电压为 6V/cm，电泳 40 ～ 60min，断电，取出琼脂糖板。

5. 加兔抗马血清

于中央槽中加满兔抗马血清抗血清，水平置于有盖平皿中，于室温或 37℃ 温箱中进行双向扩散，24h 即可出现清晰的沉淀弧。

【结果处理】

根据实验结果即可判断纯化的 IgG 纯度。

【注意事项】

（1）凝胶及 DEAE - 纤维素处理期间，必须小心用倾泻法除去细小颗粒。这样可使凝胶及纤维素颗粒大小均匀，流速稳定，分离效果好。

（2）装柱是层析操作中最重要的一步。为使柱床装得均匀，务必做到凝胶悬液或 DEAE - 纤维素悬液不稀不厚，一般浓度为 1:1，进样及洗脱时切勿使床面暴露在空气中，不然柱床会出现气泡或分层现象；加样时必须均匀，切勿搅动床面，否则会影响分离效果。

（3）本法是利用 γ - 球蛋白的等电点与 α -、β - 球蛋白不同，用离子交换层析法进行分离的。因此层析过程中用的缓冲液 pH 要求精确。

第七章　核酸类实验

实验十八　动物组织中 DNA 的提取与含量测定

【实验目的】

（1）掌握从动物组织中提取 DNA 的实验原理。

（2）学会从动物组织中提取 DNA 的实验技术。

（3）熟悉并掌握离心机的使用方法。

【实验原理】

DNA 是所有生物体的基本组成物质。真核生物 DNA 主要存在于细胞核中。制备 DNA 时应将细胞核膜打破方能释放出来。

细胞中的 DNA 和 RNA 分别与蛋白质相结合，形成脱氧核糖核蛋白及核糖核蛋白。在细胞破碎后，这两种核蛋白将混杂在一起。因此，要制备 DNA 首先要将这两种核蛋白分开。已知这两种核蛋白在不同浓度的盐溶液中具有不同的溶解度，如在 0.15mol/L NaCl 的稀盐溶液中核糖核蛋白的溶解度最大，脱氧核糖核蛋白的溶解度则最小（仅约为在纯水中的 1%）；而在 l mol/L NaCl 的浓盐溶液中，脱氧核糖核蛋白的溶解度增大，至少是在纯水中的 2 倍，核糖核蛋白的溶解度则明显降低。根据这种特性，调整盐浓度即可把这两种核蛋白分开。因此，在细胞破碎后，用稀盐溶液，反复清洗，所得沉淀即为脱氧核糖核蛋白成分。

分离得到的脱氧核糖核蛋白，用十二烷基硫酸钠（SDS）使蛋白质成分变性，让 DNA 游离出来，再用含有异戊醇的氯仿沉淀除去变性蛋白质。最后根据核酸只溶于水而不溶于有机溶剂的特点，加入 95% 的乙醇即可从除去蛋白质的溶液中把 DNA 沉淀出来，获得产品。

当细胞破碎时，细胞内的脱氧核糖核酸酶（DNase）立即开始降解 DNA，如果在破碎细胞后不及时采取抑制酶活的措施，最后将会得不到任何 DNA。为此，在本实验中加入柠檬酸盐、EDTA 等螯合剂以除去 DNase 必需的 Mg^{2+} 离子，使 DNase 活性降低，并要求整个分离制备过程均在 4℃ 以下进行，以减少 DNase 的降解作用，最后加入 SDS 使所有的蛋白质（包括 DNase）变性。当然如果希望获得更大分子的 DNA 时，则在细胞破碎后，及时加入 SDS 使蛋白质（包括 DNase）变性，并加入蛋白酶 K，降解所有的蛋白质成为碎片或氨基酸，及时阻止 DNase 的降解作用。

DNA 分子很长，在水中呈黏稠状，但 DNA 链的双螺旋结构不宜小角度的折叠，使 DNA 分子具有刚性，即分子是僵直的（stiff），小角度的折叠和压挤等剪切力，将使 DNA 断裂成碎片。DNA 只要防止 DNase 污染并在高盐浓度条件下能在液体状态保存；

抽干后的固体 DNA，性质稳定，可长期保存。

生物体内各部位的 DNA 是相同的，但取材时以含量丰富的部位为主，如动物的肝脏、脾、肾、血液、精子等。所有材料，必须新鲜及时使用，或放入 −20℃冰箱或液氮冷冻保存。DNA 的含量及纯度可用紫外吸收法、定磷法及化学法等测定。

【试剂与器材】

1. 试剂

（1）0.15mol/LNaCl − 0.015mol/L pH7.0 柠檬酸钠溶液：称取 8.77g NaCl，4.41g 柠檬酸三钠（$Na_3C_6H_5O_7 \cdot 2H_2O$），用约 800mL 蒸馏水溶解后，调节 pH 至 7.0，最后定容至 1000mL。

（2）0.15mol/L NaCl − 0.1mol/L EDTANa$_2$ 溶液：称取 8.77g NaCl，37.2g EDTANa$_2$ 溶于约 800mL 蒸馏水中，以 NaOH 调 pH 至 8.0，最后定容至 1000mL。

（3）50g/L 十二烷基硫酸钠（SDS）溶液：称取 5g SDS 溶于 450g/L 100mL 的乙醇中。

（4）氯仿 − 异戊醇溶液：按氯仿∶异戊醇 = 24∶1 配制。

（5）95% 乙醇。

（6）冰、粗盐。

（7）2mol/L NaCl：称取 11.7gNaCl，溶于 100mL 蒸馏水中。

2. 器材

组织捣碎机、玻璃匀浆器、离心机。

【实验操作】

1. DNA 提取

（1）本实验以兔肝脏作材料（其他动物肝脏也可以）。实验前应将兔饥饿 24h 以上，以避免糖原的干扰。

（2）将经过饥饿的兔颈部放血致死，迅速开腹取出肝脏，称取约 2g 浸入预先在冰盐水中冷却的 0.15mol/L NaCl − 0.015mol/L 柠檬酸钠溶液中。除去脂肪、血块等杂物；再用少量溶液反复洗涤几次，直至组织块无血为止。

（3）将洗净的组织剪成碎块。先加入 7mL 0.15mol/L NaCl − 0.015mol/L 柠檬酸钠溶液，放在组织捣碎机中迅速捣成匀浆。

（4）匀浆液 2500r/min 离心 15min，弃上清。在沉淀中加入 3mL 冷的 0.15mol/L NaCl − 0.015mol/L 柠檬酸钠溶液，搅匀，按上述条件，离心弃上清。如此重复操作 2～3 次，尽量洗去可溶的部分。最后弃去上清，留沉淀。

（5）将沉淀物（约 5mL）悬浮于 3mL 的 0.015mol/L NaCl − 0.1mol/L EDTANa$_2$ 溶液中，搅匀，而后边搅拌边慢慢滴加 5% SDS 溶液，直至 SDS 的最终浓度达 1% 为止，此时溶液变得十分黏稠，然后，加入固体 NaCl 使最终浓度达 1 mol/L。继续搅拌 30～45min，以确保 NaCl 全部溶解，此时可见溶液由稠变稀薄。

（6）将上述混合溶液倒于三角瓶中，加入等体积的氯仿 − 异戊醇，振荡 10min。在室温 2500r/min 离心 10min，此时可见离心液分为 3 层：上层为水溶液，中层为变性蛋白块，下层为氯仿 − 异戊醇。小心吸取上层水相，记录体积，放入三角瓶中，再加入等体积氯仿－异戊醇，振荡，离心，如此重复抽提 2～3 次，除净蛋白质。

（7）小心吸取上层溶液（不要吸取下层氯仿），放入小烧杯中，加入 2 倍体积预冷的 95% 乙醇。加时，用滴管吸取乙醇，边加边用玻璃棒慢慢顺一个方向在烧杯内转动。随着乙醇的不断加入可见溶液出现黏稠状丝物质，并能逐步缠绕于玻璃棒上，直至再无黏稠丝状物出现为止。黏稠丝状物即是 DNA。

（8）DNA 溶于 1mL 2mol/L 氯化钠溶液中，留作定量、电泳用。

2. DNA 的测定

吸取 5μLDNA 样品，用蒸馏水稀释到 1mL（200 倍稀释），以蒸馏水调零，测定样品的 A_{260} 和 A_{280}，计算出每克肝组织中的 DNA 含量，并判断纯化 DNA 的纯度。

【结果处理】

DNA 样品的浓度按下式计算：

$$DNA 样品的浓度 = A_{260} \times 核酸稀释倍数 \times 50/1000$$

整理实验结果，总结实验经验。如果 A_{260}/A_{280} 比值大于 1.8 说明存在 RNA，可考虑用 RNA 酶处理样品，小于 1.6 说明样品中存在蛋白质，应用酚/氯仿抽提，再用乙醇纯化 DNA。

【注意事项】

（1）DNA 的提取操作应在 0～4℃进行。

（2）为保证获得大分子 DNA，操作时应避免剧烈振摇，或过大的离心力。转移吸取 DNA 时不可用过细的吸头，不可猛吸猛放，更不能用细的吸头反复吹吸。

实验十九　酵母 RNA 的提取及鉴定

Ⅰ　酵母 RNA 的提取（浓盐法）

【实验目的】

（1）了解 RNA 提取、定性、定量方法的原理。

（2）学习浓盐法提取 RNA 的原理与技术。

【实验原理】

提取 RNA 的方法很多，在工业生产上常用的是稀碱法和浓盐法。前者利用稀碱溶解细胞壁，使 RNA 释放出来，这种方法提取时间短，但 RNA 在此条件下不稳定，容易分解；后者在加热的条件下，利用高浓度的盐改变细胞膜的透性，使 RNA 释放出来，此法易掌握，产品颜色较好。

酵母含 RNA2.67%～10.0%，DNA 很少（0.3%～0.516%），而且菌体容易收集，RNA 也易于分离，所以选用酵母为实验材料。

RNA 提制过程是先使 RNA 从细胞中释放，并使它和蛋白质分离，然后将菌体除去。再根据核酸在等电点时溶解度最小的性质，将 pH 调至 2.0～2.5，使 RNA 沉淀，进行离心收集。

【试剂与器材】

1. 试剂

（1）NaCl。

（2）6mol/L HCl。

（3）95%乙醇。

2. 仪器

量筒、三角瓶、烧杯、布氏漏斗、吸滤瓶、表面皿、分光光度计、离心机、恒温水浴、药物天平、烘箱、pH0.5～5.0的精密试纸。

3. 材料

鲜酵母或干酵母。

【实验操作】

（1）称取鲜酵母15g或干酵母粉2.5g，倒入100mL容量瓶中，加NaCl2.5g，水25mL，搅拌均匀，置于沸水浴中提取1h。

（2）将上述提取液用自来水冷却后，装入大离心管内，以3000r/min离心10min。使提取液与菌体残渣等分离。

（3）将离心得到的上清液倾于50mL烧杯内，并置入放有冰块的250mL烧杯中冷却，待冷至10℃以下时，用6mol/L HCl小心地调节pH至2.0～2.5（注意严格控制pH）。调好后继续于冰水中静置10min，使沉淀充分，颗粒变大。

（4）上述悬浮液以3000r/min离心10min，得到RNA沉淀。将沉淀物放在10mL小烧杯内，用95%的乙醇5～10mL充分搅拌洗涤，然后在布氏漏斗上用射水泵抽气过滤，再用95%乙醇5～10mL洗3次。

（5）从布氏漏斗上取下沉淀物，放在表面皿上，铺成薄层，置于80℃烘箱内干燥。将干燥后的RNA制品称重，存放于干燥箱内。

【结果处理】

1. 含量测定

将干燥后RNA产品配制成浓度为10～15μg/mL的溶液，在分光光度计上测定其260nm处的吸光度，按下式计算RNA含量：

$$RNA\ 含量（\%）= \frac{A_{260}}{0.024 \times L} \times \frac{RNA\ 溶液总体积（mL）}{RNA\ 称取量} \times 100$$

式中 A_{260}——260nm处的吸光度；

L——比色杯光径，cm；

0.024——1mL溶液含1μgRNA的吸光度。

2. 计算提取率

根据含量测定的结果按下式计算提取率：

$$RNA\ 含量（\%）= \frac{RNA\ 含量（\%）\times RNA\ 制品质量（g）}{酵母质量（g）} \times 100$$

【注意事项】

（1）用浓盐法提取RNA时应注意掌握温度，避免在20～27℃停留时间过长，因为这是磷酸二酯酶和磷酸单酯酶作用活跃的温度范围，会使RNA降解而降低提取率。

（2）加热至 90～100℃使蛋白质变性，破坏两类磷酸酯酶，有利于 RNA 的提取。

Ⅱ. 酵母 RNA 的提取（稀碱法）

【实验目的】

（1）了解 RNA 提取、定性、定量方法的原理。

（2）学习稀碱法提取 RNA 的原理与技术。

【实验原理】

稀碱法使用稀碱使酵母细胞裂解，然后用酸中和，除去蛋白质和菌体后的上清液用乙醇沉淀 RNA 或调 pH2.5 利用等电点沉淀。提取的 RNA 有不同程度的降解。酵母含 RNA 达 2.67%～10.0%，而 DNA 含量仅为 0.03%～0.516%，为此，提取 RNA 多以酵母为原料。

【试剂与器材】

1. 试剂

（1）0.2%氢氧化钠。

（2）乙酸（A. R）。

（3）95%乙醇。

（4）无水乙醚（C. P）。

（5）氨水（C. P）。

（6）10% 硫酸溶液：浓硫酸（相对密度 1.84）10mL，缓缓倾于水中，稀释至 100mL。

（7）5% 硝酸银溶液：5g $AgNO_3$ 溶于蒸馏水并稀释至 100mL，贮于棕色瓶中。

（8）苔黑酚 – 三氯化铁试剂：将 100mg 苔黑酚溶于 100mL 浓盐酸中，再加 100mg $FeCl_3 \cdot 6H_2O$。临用时配制。

2. 器材

电子天平、烧杯、量筒、抽滤瓶、布氏漏斗、吸管、离心机。

3. 材料

干酵母粉（市售）或鲜酵母（市售）。

【实验操作】

（1）置 4g 干酵母粉或 30g 鲜酵母于 100mL 烧杯中，加入 0.2% NaOH 溶液 40mL，沸水浴加热 30min，经常搅拌。加入乙酸数滴，使提取液呈酸性（石蕊试纸），离心 10～15min（3000r/min）。

（2）取上清液，加入 95% 乙醇 30mL，边加边搅。加毕，静置，待完全沉淀，过滤。

（3）滤渣先用 95% 乙醇洗 2 次（每次约 10mL），继续用无水乙醚洗 2 次（每次 10mL），洗涤时可用细玻棒小心搅动沉淀。乙醚滤干后，滤渣即为粗 RNA，可作鉴定。

（4）RNA 定性分析

①取上述 RNA 约 0.5g，加 10% 硫酸液 5mL，加热至沸 1～2min，将 RNA 水解。

②取水解液 0.5mL，加苔黑酚 – $FeCl_3$ 试剂 1mL，加热至沸 1min，观察颜色变化。

③水解液 2mL，加氨水 2mL 及 5% 硝酸银溶液 1mL，观察是否产生絮状嘌呤银化合物（有时絮状物出现较慢，可放置十几分钟）。

【思考题】

（1）所得 RNA 是否是纯品？如何进一步纯化？

（2）RNA 提取过程中的关键步骤及注意事项有哪些？

实验二十 质粒 DNA 的微量快速提取与鉴定

【实验目的】

（1）了解质粒作为载体在基因工程中的应用。

（2）熟记提取质粒的基本原理，学习提取过程和方法。

【实验原理】

基因工程的重要环节就是如何把外源基因导入到受体细胞中去。外源基因自己很难进入受体细胞中，既是进入受体细胞中，一般也不能进行复制和表达。这是因为我们得到的目的基因不带有复制子系统和表达调控系统，所以我们必须利用运载工具即载体将外源基因导入到受体细胞中去。

质粒就是一种最常用的载体。质粒（plasmid）是一种染色体外的稳定遗传因子。大小在 1~200kb 之间，具有双链闭合环状结构的 DNA 分子。主要发现于细菌、放线菌和真菌细胞中。质粒具有自主复制和转录能力，能使子代细胞保持它们恒定的复制数，可表达它携带的遗传信息。它可独立游离在细胞质内，也可整合到细菌染色体中，它离开宿主的细胞就不能存活，而它控制的许多生物学功能却赋予宿主细胞的某些表型。

所有分离质粒 DNA 的方法都包括 3 个基本步骤：培养细菌使质粒扩增；收集和裂解细菌；分离和纯化质粒 DNA。

裂解细菌的方法很多，如 SDS 法、碱裂解法、煮沸法等。它们各有利弊，应根据所提质粒的性质、宿主菌的特性及纯化质粒的方法等因素加以选择。本实验采用碱裂解法。首先破坏细菌的细胞壁，再用 SDS 使细胞膜崩解，与此同时用 NaOH 提高溶液的 pH，使染色体 DNA、蛋白质及质粒均变性。

在很高的 pH 条件下，SDS 处理 *E. Coli*，使其细胞壁、细胞膜分别破裂，即发生溶菌作用。线性的染色体 DNA 在这种强碱的环境中发生不可逆的变性作用。它们缠绕在膜的碎片上，易于被沉淀，而分子较小的质粒 DNA 仍留在水相之中。用 RNaseA 除去溶液中的 RNA 分子，并经苯酚、氯仿的抽提，进一步除去蛋白质。即可得到质粒的初制品。

质粒 PUC18 主要以两种状态存在，即共价闭环 DNA，也就是超螺旋形式的质粒 DNA 分子和开环 DNA，此时，环状的 DNA 分子中带有一个或几个缺口，超螺旋解离，也称微 Nicked DNA。新纯化的质粒 DNA 以超螺旋形式为主，这也是检验质粒纯化质量的一个标准。操作不当或长期贮存可使开环 DNA 的比例显著升高。

【试剂与器材】

1. 试剂

（1）pH8.0 G. E. T 缓冲液（50mmol/L 葡萄糖，10mmol/L EDTA，25mmol/L Tris - HCl）；用前加溶菌酶 4mg/mL。

（2）pH4.8 乙酸钾溶液（60mL 5mol/L KAc，11.5mL 冰乙酸，28.5mL H$_2$O）。

（3）酚/氯仿（1:1，*V/V*）：酚需在 160℃ 重蒸，加入抗氧化剂 8 - 羟基喹啉，使其浓度为 0.1%，并用 Tris - HCl 缓冲液平衡两次。氯仿中加入异戊醇，氯仿/异戊醇（24:1，*V/V*）。

（4）pH8.0 TE 缓冲液：10mmol/L Tris，1mmol/L EDTA，其中含有 RNA 酶（RNase）20μg/mL。

（5）TBE 缓冲液：称取 Tris10.88g、硼酸 5.52g 和 EDTA 0.72g，用蒸馏水溶解后，定容至 200mL，用前稀释 10 倍。

（6）EB 染色液：称取 5g 溴化乙锭（Ethidium Bromide，EB），溶于蒸馏水中并定容至 10mL，避光保存。临用前，用 G. E. T 电泳缓冲液稀释 1000 倍，使其最终浓度达到 0.5μg/mL。

2. 器材

（1）塑料离心管 1.5mL×30。

（2）塑料离心管架×1。

（3）微量加样器 10μL、100μL、1000μL 各一支。

（4）常用玻璃仪器及滴管等。

（5）台式高速离心机。

【实验操作】

1. 培养细菌

将带有质粒的大肠杆菌 DH5α 接种在 LB 琼脂培养基上，37℃ 培养 24~48h。

2. 从细菌中快速提取制备质粒 DNA

（1）用 3~5 根牙签挑取平板培养基上的菌落，放入 1.5mL 小离心管中，或取液体培养菌液 1.5mL 置小离心管中，4000r/min 离心 1min 去掉上清液。加入 150μL 的 G. E. T. 缓冲液，充分混匀，在室温下放置 10min。

（2）加入 200μL 新配置的 0.2mol/L NaOH，1% SDS 200μL。加盖，颠倒 2~3 次使之混匀。冰上放置 5min。

（3）加 150μL 冷却的乙酸钾溶液，加盖后颠倒数次混匀，冰上放置 15min。10000r/min 离心 5min，上清液倒入另一离心管中。

（4）向上清液中加入等体积酚/氯仿，震荡混匀，4000r/min 离心 2min，将上清液转移至新的离心管中。

（5）向上清液中加入等体积无水乙醇，混匀，室温放置 2min。离心 5min，倒去上清乙醇溶液，将离心管倒扣在吸水纸上，吸干液体。

（6）加 1mL70% 乙醇，震荡并离心，倒去上清液，真空抽干，待用。

3. 质粒 DNA 的酶解

将自提质粒加入 20μL 的 TE 缓冲液，使 DNA 完全溶解。取清洁、干燥、灭菌的具塞离心管编号，用微量加样器按下表所示将各种试剂分别加入每个小离心管内。

管号	标准样品 λ DNA/ μg	标准样品 PBR322/ μg	自提样品 质粒/ μL	内切酶 EcoRI/ μ	EcoRI 酶切 缓冲液 10/ μL	水 μL
1	–	–	10	–	2	8
2	–	–	10	4	2	–
3	–	0.5			2	–
4	1	–		4	2	–
5		0.5		4	2	–
6			10	4	2	8
7			10		2	8

注：补无菌双蒸水至20μL，依实际情况做相应调整。

加样后，小心混匀，置于37℃水浴中，酶解2～3h，反应终止后，各酶切样品于冰箱中贮存备用。

4. DNA 琼脂糖凝胶电泳

（1）琼脂糖凝胶的制备　称取0.6g琼脂糖，置于三角瓶中，加入50mLTBE缓冲液，经沸水浴加热全部融化后，取出摇匀，此为1.2%的琼脂糖凝胶。

（2）胶板的制备　取橡皮膏（宽约1cm）将有机玻璃板的边缘封好，水平放置，将样品槽板垂直立在玻璃板表面。将冷却至65℃左右的琼脂糖凝胶液，小心倒入，使胶液缓慢展开，直到在整个玻璃板表面形成均匀的胶层，室温下静置30min，待凝固完全后，轻轻拔出样品槽模板，在胶板上即形成相互隔开的样品槽。用滴管将样品槽内注满TBE缓冲液以防止干裂，制备好胶板后立即取下橡皮膏，将胶板放在电泳槽中使用。

（3）加样　用微量加样器将上述样品分别加入胶板的样品小槽内。每次加完一个样品，要用蒸馏水反复洗净微量加样器，以防止相互污染。

5. 电泳

加完样品后的凝胶板，立即通电。样品进胶前，应使电流控制在20mA，样品进胶后电压控制在60～80V，电流为40～50mA。当指示前沿移动至距离胶板1～2cm处，停止电泳。

6. 染色

将电泳后的胶板在EB染色液中进行染色以观察在琼脂糖凝胶中的DNA条带。

【结果处理】

在波长为254nm的紫外灯下，观察染色后的电泳胶板。DNA存在处显示出红色的荧光条带。

【注意事项】

（1）纯化DNA的方法主要依据染色体DNA比质粒DNA分子大得多，而且染色体DNA被断裂成线状分子，但质粒DNA为共价闭环结构，当加热或用酸、碱处理DNA溶液时，线状染色体DNA容易发生变性，共价闭环的质粒DNA在冷却和回到中性pH时即恢复其天然构象。

（2）EB染料的全名是3，8－二氨基－5－乙基－6苯基菲啶溴盐。EB能插入DNA分子中碱基对之间，导致EB与DNA结合，DNA所吸收的260nm的紫外光传递给EB，或者结合的 EB 本身在 300nm 和 360nm 吸收的射线均在可见光谱的红橙区，以 560nm 波长发射出来。EB 染料有许多优点，如染色操作简便、快速，室温下染色 15~20min；不会使核酸断裂；灵敏度高，10ng 或更少的 DNA 即可检出。但应特别注意的是，EB 是诱变剂，配制和使用 EB 染色液时，应带乳胶手套或一次性手套，并且不要将该染色液洒在桌面或地面上，凡是沾污 EB 的器皿或物品，必须经专门处理后，才能进行清洗或弃去。

【思考题】

（1）染色体 DNA 与质粒 DNA 分离的主要依据是什么？

（2）EB 染料有哪些特点？在使用时应注意些什么？

实验二十一　PCR 基因扩增 DNA

【实验目的】

（1）掌握 PCR 技术概念、原理、方法及应用。

（2）熟悉 PCR 仪的使用及注意事项。

（3）了解 TaqDNA 聚合酶的来源和特点，引物的设计原则。

（4）了解现代 PCR 技术的扩展。

【实验原理】

单链 DNA 在互补寡聚核苷酸片段的引导下，可以利用 DNA 多聚酶按 $5'→3'$ 方向复制出互补 DNA。这时单链 DNA 称为模板 DNA，寡聚核苷酸片段称为引物，合成的互补 DNA 称为产物 DNA。双链 DNA 分子经高温变性后成为两条单链 DNA，它们都可以作为单链模板 DNA，在相应引物引导下，利用 DNA 聚合酶复制出产物 DNA。多聚酶链式反应（polymerase chain renction，PCR）的原理类似于 DNA 的天然复制过程。在缓冲液中有引物、DNA 合成底物 dNTP 存在下，经变性、退火和延伸即可合成产物 DNA。经若干个这样的循环后，DNA 即可扩增 2^n 倍。具体过程如下。

（1）变性　加热使模板 DNA 在高温（94℃）变性，双链间的氢键断裂而形成两条单链。

（2）退火　使溶液温度逐渐降至 50~60℃，模板 DNA 即可与引物按碱基配对原则互相结合。

（3）延伸　再将溶液温度逐渐升至 72℃，耐热 DNA 聚合酶以单链 DNA 为模板，在引物的引导下，利用反应混合物的 4 种脱氧核苷酸（dNTP），按 $5'→3$ 方向复制出互补 DNA。

上述 3 步为一个循环，样本中的 DNA 量即可增加一倍，新形成的链又可为下一轮循环的模板，经过 25~30 个循环后，DNA 可扩增 10^6~10^9 倍。

典型的 PCR 反应体系由如下组分组成：DNA 模板、反应缓冲液、dNTP、$MgCl_2$、两个合成的 DNA 引物、耐热 Tag 聚合酶。

【试剂和器材】

1. 试剂

（1）DNA 模板：0.1μg/μL 人线粒体 DNA（从人胎盘中抽取纯化），使用前用 TE 缓冲液稀释 10 倍置冰浴中。

（2）4 种脱氧核苷酸（dNTP）：4 种 dNTP，即 1mmol/L dNTP、1mmol/L dCTP、1mmol/L dGTP、1mmol/L dTTP。

（3）50nmol/L 引物：

引物 1（位于线粒体 3108～3127bp）5′－TTCAAATTCCTCCCTGTACG－3′、

引物 1（位于线粒体 3717～3701bp）5′－GGCTACTGCTCGCAGTG－3′。

（4）2.5U/μL Tag 聚合酶：如果市售浓度过高，可用酶稀释液进行稀释。

（5）酶稀释液：含有 50% 甘油、50mmol/L NaCl、0.2g/L 明胶、0.1% TritionX－100。

（6）DNA 相对分子质量标准物。

（7）10 倍缓冲液：含有 500nmol/LKCl、10mmol/L Tris－HCl（pH9.0）。

（8）15mmol/LMgCl$_2$、0.1%（W/V）明胶、1% TrironX－100。

（9）石蜡油。

（10）DNA 琼脂糖凝胶电泳所需试剂。

2. 器材

PCR 热循环仪、琼脂糖凝胶电泳系统、加样枪（另附枪头若干）。

【实验操作】

（1）取 0.5mL Eppendorf 管一个，用加样枪按以下顺序分别加入各种试剂：

10 倍 PCR 缓冲液	10μL	引物 2	1.0μL
4 倍 dNTP	8μL	线粒体模板 DNA	5μL
引物 1	1.0μL	Tag	1.0μL

加水至体积 100μL

（2）加入 100μL 石蜡油。

（3）与 94℃ 预变性 5min，使 DNA 完全变性。

（4）按下述程序进行扩增

①94℃ 变性 30s；

②52℃ 退火 45s；

③72℃ 延伸 45s；

④重复步骤①～③25～35 次；

⑤72℃ 延伸 10min。

（5）反应完毕，将样品取出置于冰浴中待用。

（6）进行琼脂糖电泳，分析 PCR 结果。

【结果处理】

本实验 PCR 扩增的产物 DNA 片段长度为 609bp，适合于 1.5% 琼脂糖凝胶中进行电泳检测。

【注意事项】

（1）加各试剂时，要注意准确操作。

（2）PCR 仪运行时勿随意改动。

（3）溴乙锭可引起基因突变，操作时要注意个人防护。

（4）紫外光对人眼有害，观察结果时加盖玻璃罩，观察时间不宜太长。

实验二十二　DNA 琼脂糖凝胶电泳检测

【实验目的】

（1）熟练掌握琼脂糖凝胶电泳技术的原理。

（2）理解影响琼脂糖凝胶电泳的主要因素。

（3）能够正确熟练进行琼脂糖凝胶的制备。

【实验原理】

琼脂糖凝胶电泳是重组 DNA 研究中常用的技术，可用于分离、鉴定和纯化 DNA 片段。不同大小、不同形状和不同构象的 DNA 分子在相同的电泳条件下（如凝胶浓度、电流、电压、缓冲液等），有不同的迁移率，所以可通过电泳使其分离。凝胶中的 DNA 可与荧光染料 溴化乙锭（EB）结合，在紫外灯下可看到荧光条带，借此可分析实验结果。

电泳缓冲液的 pH 在 6～9 之间，离子强度 0.02～0.05 为最适。常用 1% 的琼脂糖作为电泳支持物。琼脂糖凝胶约可区分相差 100bp 的 DNA 片段，其分辨率虽比聚丙烯酰胺凝胶低，但它制备容易，分离范围广。普通琼脂糖凝胶分离 DNA 的范围为 0.2～20kb，利用脉冲电泳，可分离高达 10^7bp 的 DNA 片段。

DNA 分子在琼脂糖凝胶中泳动时有电荷效应和分子筛效应。DNA 分子在高于等电点的 pH 溶液中带负电荷，在电场中向正极移动。由于糖－磷酸骨架在结构上的重复性质，相同数量的双链 DNA 几乎具有等量的净电荷，因此它们能以同样的速率向正极方向移动。

【试剂与器材】

1. 试剂

（1）50×TAE 缓冲液的配制（1L）：2mol/L Tris－乙酸，0.05mol/L EDTA（pH8.0）。称取 Tris242g；冰乙酸 57.1mL；0.5mol/L EDTA　100mL；加入 600mL 去离子水后搅拌溶解，将溶液定容至 1L 后。高温高压灭菌，室温保存。

（2）1×TAE 缓冲液的配制：称量 20mL 的 50×TAE 缓冲液，再加入 980mL 的去离子水。

（3）0.5mol/L EDTA（pH8.0）的配制：称取 186.1g Na_2EDTA·$2H_2O$，置于 1L 烧杯中；加入约 800mL 的去离子水，充分搅拌；用 NaOH 调节 pH 至 8.0（约 20g NaOH）；加去离子水将溶液定容至 1L；适量分成小份后，高温高压灭菌；室温保存。

注意：pH 至 8.0 时，EDTA 才能完全溶解。

（4）10mg/mL 溴化乙啶：称取 1g 溴化乙啶，置于 100mL 烧杯中，加入 80mL 去离子水后搅拌溶解。将溶液定容至 100mL 后，转移到棕色瓶中。室温避光保存。

（5）DNA 标准相对分子质量溶液（DNA Marker）：DL2000Marker，含六条带，片段大小分别为：2000bp、1000bp、750bp、500bp、250bp、100bp。

（6）6×上样缓冲液：0.25% 溴酚蓝，0.25% 二甲苯青 FF，30% 甘油。

溴酚蓝 25mg；二甲苯青 FF 25mg；甘油 3mL；用 6×TAE 缓冲液定溶至 10mL，分装成 1mL/管。−20℃ 保存。

（7）DNA 样品：羊基因组 DNA 的 PCR 产物。

（8）其他试剂：琼脂糖。

2. 器材

（1）电泳仪、电泳槽及灌胶模具。

（2）电炉或微波炉。

（3）微量移液器。

（4）紫外检测仪或凝胶成像系统。

（5）烧杯、量筒、三角瓶等。

3. 材料

制备 DNA。

【实验操作】

1. 琼脂糖凝胶板的制备

制备 1% 琼脂糖凝胶：称取 1g 琼脂糖置于锥形瓶中，加入 100mL1×TAE，瓶口倒扣小烧杯，置于微波炉中加热煮沸至琼脂糖充分溶解，摇匀；冷却至 60℃ 左右时，加入溴化乙锭至最终浓度为 0.5μg/mL，充分混匀；倒入水平放置的制胶模中，厚度为 2~3mm，插入梳子；室温下静置 30~45min，让凝胶溶液充分凝结；凝胶完全凝固后，将凝胶板放入电泳槽中；加入 1×TAE 电泳缓冲液，刚好没过胶面约 1mm，小心取出梳子。

2. 点样

将 DNA 样品和 6×上样缓冲液以 5:1 的体积比混合，用微量移液器将样品混合液缓慢加至凝胶的加样孔中。

3. 电泳

一般电压不超过 5V/cm，电压升高，琼脂糖凝胶的有效分离范围降低。样品由负极向正极方向移动，当溴酚蓝移动到距胶板前沿边缘约 2~3cm 处时，停止电泳。

【结果处理】

1. 观察和拍照

当溴酚蓝在凝胶中移出适当距离后（约半小时），切断电流，取出凝胶。在紫外灯（254nm 波长）下观察染色后的凝胶，DNA 区带呈现橙红色的荧光。用紫外检测仪拍照，也可采用凝胶成像系统输出照片。

2. DNA 相对分子质量估算

根据照片，将样品 DNA 的位置与标准 DNA 的位置相对照，估计样品中 DNA 组分的相对分子质量。

【注意事项】

（1）溴化乙锭是致癌物，操作时要戴防护手套。

（2）在紫外灯下观察结果，要放下防护罩，以免眼睛受紫外辐射损伤。也可用手提式紫外灯照射凝胶进行结果观察，这样安全些。

（3）制备凝胶板时，一定要等溶解后的琼脂糖冷却至60℃左右再倒入成形板上，以免该板受热变形。

【思考题】

（1）如何根据DNA的相对分子质量不同选用不同的凝胶浓度？

（2）试分析DNA条带信号模糊、弱、甚至缺失的原因。

（3）琼脂糖凝胶电泳中DNA分子迁移率有哪些因素的影响？

实验二十三　二苯胺显色法测定DNA含量

【实验目的】

（1）了解并具体掌握二苯胺显色法测定DNA含量的原理和方法。

（2）掌握分光光度计的使用方法。

【实验原理】

DNA主要集中在细胞核内，因此，通常选用细胞核含量比例大的生物组织作为提取制备DNA的材料。小牛胸腺组织中细胞核比例较大，因而DNA含量丰富，同时其脱氧核糖核酸酶（DNase）活性较低，制备过程中DNA被降解的可能性相对较低，所以是制备DNA的良好材料。但其来源较困难，脾脏较易获得，也是实验室制备DNA常用的材料。

脱氧核糖核酸中的2-脱氧核糖在酸性环境中与二苯胺试剂一起加热产生蓝色反应，在595nm处有最大光吸收。DNA在40～400g范围内，光吸收与DNA的浓度成正比。在反应液中加入少量乙醛，可以提高反应灵敏度。除DNA外，脱氧木糖、阿拉伯糖也有同样反应。其他多数糖类，包括核糖在内，一般无此反应。

【试剂与器材】

1. 试剂

（1）200mg/mL DNA标准溶液。

（2）二苯胺试剂　使用前称取1g结晶二苯胺，溶于100mL分析纯冰醋酸中，加60%过氯酸10mL混匀。临用前加入1mL 1.6%乙醛溶液。此溶剂应为无色。

2. 器材

可见分光光度计、恒温水浴锅、分析天平。

【实验操作】

1. 标准曲线的制作

取12只试管分成6组，按下表操作。取2管的平均值，以DNA浓度为横坐标，光密度为纵坐标，绘制标准曲线。

试管	0	1	2	3	4	5
标准 DNA/mL	0	0.4	0.8	1.2	1.6	2.0
蒸馏水/mL	2	1.6	1.2	0.8	0.4	0
二苯胺试剂/mL	4	4	4	4	4	4
60℃恒温水浴中保温 1h，冷却，在 595nm 波长处比色						
光密度值						

2. 样品的测定

取待测样品 2mL，加入二苯胺溶液 4mL，摇匀，60℃保温 1h，然后在 595nm 波长出测定光密度值。根据测得的光密度值，从标准曲线上查得相应的 DNA 的质量，按下式计算待测样品的 DNA 的含量。

$$DNA（\%）= \frac{待测样品中测得的 DNA 质量（mg）}{待测样品液中样品的质量（mg）} \times 100$$

【思考题】

（1）DNA 含量测定的方法有哪些？各有何优缺点？

（2）简述二苯胺法测 DNA 的基本原理。

实验二十四　地衣酚显色法测定 RNA 含量

【实验目的】

（1）掌握二苯胺显色法测定 DNA 含量的原理和方法。

（2）进一步熟悉分光光度计的使用方法。

【实验原理】

RNA 与浓盐酸共热时发生降解，产生的戊糖又可转变为糠醛，在 $FeCl_3$ 或 $CuCl_2$ 催化下，糠醛与地衣酚（3，5 - 二羟基甲苯）反应形成绿色复合物，该产物在 670nm 处有最大吸收。

【试剂与器材】

1. 试剂

（1）RNA 标准液：称取 10mg RNA（需先定磷确定其纯度）用少量水溶解（若不溶可用 2mol/L NaOH 溶液调至 pH7.0），定容至 100mL，浓度为 $100\mu g/mL$。

（2）RNA 样品液：提取的 RNA 样品。

（3）地衣酚试剂：取 0.1g 地衣酚溶于 100mL 浓盐酸，再加入 $0.1gFeCl_3 \cdot 6H_2O$。该溶液使用前新鲜配制。

2. 器材

恒温水浴，分光光度计。

【实验操作】

1. 标准曲线的绘制

取干燥试管 6 支，编号，按下表所示加入试剂。

试管号	0	1	2	3	4	5
RNA 标准溶液/mL	0.0	0.1	0.2	0.3	0.4	0.5
蒸馏水/mL	1.0	0.9	0.8	0.7	0.6	0.5
地衣酚试剂/mL	3.0	3.0	3.0	3.0	3.0	3.0
A_{670}						

加样完毕后混匀，于沸水浴中加热 20min，取出置自来水中冷却，以零号管为对照，670nm 处测吸光度。以吸光度为纵坐标，RNA 浓度为横坐标，绘制标准曲线。

2. 样品测定

取试管 3 支，两支为样品管，一支为空白管，在样品管中加入 1.0mL 样品液，再加 3.0mL 地衣酚试剂，混匀，置沸水浴中加热 20min，取出冷却。空白管操作与标准曲线制作中零号管相同。以空白管调零点，于 670nm 处测吸光度，根据吸光度值从标准曲线上查出相应的 RNA 含量。

【结果分析】

（1）地衣酚反应特异性较差，凡戊糖均有此反应，DNA 及其他杂质也有影响。故一般测定 RNA 时，可先测定样品中 DNA 含量，再算出 RNA 含量。

（2）本法较灵敏。样品中蛋白质含量高时，应先用 5% 三氯醋酸溶液将蛋白质沉淀后再测定，否则将发生干扰。

实验二十五　定磷法测定核酸含量

【实验目的】

掌握定磷法测定核酸含量的原理和方法。

【实验原理】

Fiske – Subbarow 定磷法是一经典的但至今仍被经常采用的方法，它具有灵敏、简便的特点。核酸分子结构中含有一定比例的磷（RNA 含磷量为 8.5% ~ 9.0%，DNA 含磷量约为 9.2%），测定其含磷量即可求出核酸的量，这就是定磷法的理论依据。核酸分子中的有机磷经强酸消化后形成无机磷，在酸性条件下，与钼酸盐（常用钼酸铵或钼酸钠）反应生成磷钼酸盐络合物。用还原剂处理，磷钼酸盐络合物被还原生成钼蓝，在 660nm 处有最大吸收峰。在一定浓度范围内，颜色的深浅与磷含量成正比关系。因此可以用分光光度法进行磷的定量测定。其反应为：

$$(NH_4)_2MoO_4 + H_2SO_4 \rightarrow H_2MoO_4 + (NH_4)_2SO_4$$

$$H_3PO_4 + 12H_2MoO_4 \rightarrow H_3P(Mo_3O_{10})_4 + 12H_2O$$

$$H_3P(Mo_3O_{10})_4 \rightarrow Mo_2O_3MoO_3$$

生物有机磷材料中有时含有无机磷杂质，故用定磷法来测定该有机磷物质的量时，必须分别测定该样品的总磷量，即样品经过消化以后所测得的含磷量，以及该样品的无机磷含量，即样品未经消化直接测得的含磷量。将总磷量减去无机磷才是该有机磷物质的含磷量。

【试剂与器材】

1. 试剂

（1）标准磷溶液：将磷酸二氢钾于110℃烘至恒重，准确称取0.8775g溶于少量蒸馏水中，转移至500mL容量瓶中，加入5mL 5mol/L硫酸溶液及氯仿数滴，用蒸馏水稀释至刻度。此溶液每1mL含磷400μg，临用时准确稀释20倍（20μg/mL）。

（2）定磷试剂

①17%硫酸：17mL浓硫酸（相对密度1.84）缓缓加入到83mL水中。

②2.5%钼酸铵溶液：2.5g钼酸铵溶于100mL水。

③10%抗坏血酸溶液：10g抗坏血酸溶于100mL水，并贮存于棕色瓶中，溶液呈淡黄色尚可使用，呈深黄甚至棕色即失效。

临用时将上述三种溶液与水按如下比例混合：

溶液①：溶液②：溶液③：水 = 1:1:1:2（$V:V$）

（3）5%氨水。

（4）27%硫酸。

2. 器材

恒温水浴，721分光光度计。

【实验操作】

1. 磷标准曲线的绘制

取试管7支，0~6依次编号。按下表加入各试剂。注意每加好一种试剂后应立即摇匀。

名　称 \ 管　号	0	1	2	3	4	5	6
标准磷溶液/mL	0	0.5	1.0	1.5	2.0	2.5	3.0
6mol/L硫酸/mL	0.5	0.5	0.5	0.5	0.5	0.5	0.5
25g/L钼酸铵/mL	0.5	0.5	0.5	0.5	0.5	0.5	0.5
还原剂/mL	0.1	0.1	0.1	0.1	0.1	0.1	0.1
蒸馏水/mL	3.9	3.4	2.9	2.4	1.9	1.4	0.9

各反应液加毕后，于30℃保温20min，置分光光度计中在波长660nm比色，测光吸收值。以磷含量为横坐标，光吸收值为纵坐标作图，即得定磷标准曲线。

2. 总磷量的测定

取30毫升凯氏烧瓶2只，Ⅰ、Ⅱ依次编号。Ⅰ号瓶为空白对照，加入蒸馏水1.0mL用刻度吸管准确吸取核糖核酸样液1.0mL，置于Ⅱ号凯氏烧瓶内。两瓶分别加入6mol/L硫酸1.0mL置消化架用小火加热消化，待溶液呈褐色，稍加冷却，加入2mol/L硝酸2滴，再继续加热，直至逸出白色烟雾，溶液无色透明，表示消化完成时为止。待凯氏烧瓶冷却后，分别加入 1.0mL 蒸馏水，置沸水浴蒸煮 5min，使焦磷酸分解。凯氏烧瓶从沸水浴中取出，待其冷却，将 I 和 II 号瓶内的消化液分别移入两只 10mL 容量瓶中，用少量蒸馏水洗涤凯氏烧瓶两次，并将洗涤液一并倒入容量瓶内，再各加蒸馏水稀释至刻度。

取试管 3 支，按 7~9 依次编号，7 号管为空白对照。

准确吸取空白对照液 1.0mL，置于 7 号管内，再分别准确吸取 II 号瓶经过消化的核糖核酸样液 1.0mL，置于 8、9 号管内，以下操作与磷标准曲线绘制相同。测出光密度，即可由绘制的标准曲线查得核糖核酸经消化稀释后的总磷量。

3. 无机磷的测定

取试管 3 支，按 10~12 依次编号，10 号管为空白对照。用刻度吸管分别准确吸取未经消化的核糖核酸液 1.0mL，作为无机磷测定样液，置于 11、12 号管内，空白管以蒸馏水代替 RNA 液，以下操作与磷标准曲线绘制相同。测出光密度，即可由绘制的标准曲线查得无机磷含量。若溶液浑浊，影响测定光密度，可在加入试剂摇匀后，进行过滤或置离心机 3000r/min 离心 15min，取其上清液再测定。

4. 有机磷的测定

按上述方法分别测得总磷和无机磷的光密度，自总磷的光密度扣除无机磷的光密度，即为消化稀释后样液有机磷的光密度。

$$有机磷 A_{660}（\%）= 总磷 A_{660} \frac{无机磷 A_{660}}{10} \times 100$$

再由磷标准曲线查得有机磷含量。

【结果分析】

计算样品中核酸的含量：

$$核酸（\%）= \frac{\frac{有机磷含量（\mu g）}{测定时取样体积（mL）} \times 稀释倍数 \times 11}{样品质量（\mu g）} \times 100$$

【思考题】

（1）采用定磷法测定样品的核酸含量，有何优点及缺点？

（2）若样品中含有核苷酸类杂质，应如何校正？

第八章 酶 类 实 验

实验二十六 温度、pH、激活剂、抑制剂对酶活力的影响

【实验目的】

（1）理解和领会不同因素对酶活性影响的原理。

（2）掌握不同因素对酶活力影响的测定方法。

（3）正确解释实验中各试管内溶液颜色变化的原因。

【实验原理】

研究酶的活力时通常测定酶所作用的底物在酶作用前后产生的变化。本试验以唾液淀粉酶作用于底物淀粉为例，通过不同环境条件下（温度、pH、激活剂和抑制剂等）该酶分解淀粉生成各种糊精和麦芽糖等水解产物的变化，来观察淀粉酶的活性。唾液淀粉酶对淀粉的水解过程如下：

$$淀粉 \rightarrow 紫色糊精 \rightarrow 红色糊精 \rightarrow 麦芽糖$$

与碘颜色反应　　　蓝色　　紫色　　　红色　　　无色

【试剂与器材】

1. 试剂

（1）0.5%淀粉溶液　取淀粉0.5g加蒸馏水少许搅拌成糊状，然后用煮沸的1%氯化钠溶液稀释至100mL。

（2）碘溶液　取碘化钾2g及碘1.27g溶解于200mL水中，使用前用水稀释5倍。

（3）磷酸氢二钠－柠檬酸缓冲液　　pH5.0、pH6.6、pH8.0（见附录）。

（4）0.5% NaCl溶液。

（5）1% $CuSO_4$ 溶液。

2. 器材

水浴锅、电炉、比色盘、试管、吸管、烧杯。

3. 材料

唾液淀粉酶。

【实验操作】

1. 制备稀释唾液

用蒸馏水漱口3次，然后取蒸馏水20mL含于口中，1min后吐入烧杯中，纱布过滤，取滤液10mL，稀释至20mL即为稀释唾液，供实验用。

2. 温度对酶活力的影响

（1）取试管3支，编号后按下表操作。

管号	1	2	3
0.5% 淀粉溶液/mL	3.0	3.0	3.0
稀释唾液/mL	1.0	1.0	1.0
温度	0℃水浴	37℃水浴	沸水浴

（2）以上各管摇匀后，放入各自的水浴中，在白色比色盘上，各孔滴加碘液2滴，每隔1min，从第二管中取反应液1滴与碘液混合，观察颜色变化。

（3）待第二管中反应液遇碘液不发生颜色变化时，把三个管从各自的水浴中取出（第三管要冷却），向各管加入碘液2滴，摇匀，观察并记录各管颜色，说明温度对酶活性的影响。

3. pH 对酶活性的影响

（1）取试管3支，编号后按下表操作。

管号	1	2	3
0.5% 淀粉液/mL	3.0	3.0	3.0
pH5.0 缓冲液/mL	1.0	–	–
pH6.6 缓冲液/mL	–	1.0	–
pH8.0 缓冲液/mL	–	–	1.0
稀释唾液/mL	1.0	1.0	1.0

（2）以上各管摇匀后，放入37℃水浴中保温，每隔1min从第二管中取反应液1滴与碘液混合观察颜色变化并记录。待第二管中反应液遇碘液不发生颜色变化时，向各试管加碘液1滴，观察颜色并解释结果。

4. 激活剂和抑制剂对酶促反应速度的影响

（1）取试管3支，编号后按下表操作。

管号	1	2	3
0.5% 淀粉液/mL	2.0	2.0	2.0
pH6.6 缓冲液/mL	1.0	1.0	1.0
蒸馏水/mL	1.0	–	–
0.5% NaCl 溶液/mL	–	1.0	–
0.5% CuSO$_4$溶液/mL	–	–	1.0
稀释唾液/mL	1.0	1.0	1.0

（2）以上各管摇匀后，放入37℃水浴中保温，每隔1~2min在比色盘上用碘液检查2号管，待碘液不变色时，再向各管内加入碘液1~2滴，观察并记录各管颜色，解释结果。

【结果处理】

观察记录实验结果，正确解释实验中颜色变化的原因。

【思考题】

（1）何为酶的最适温度，它有何应用意义？

（2）何为酶反应的最适 pH？它对酶活性有什么影响？

（3）何为酶的活化剂及抑制剂？酶的抑制剂与变性剂有何区别？

实验二十七 琥珀酸脱氢酶的作用及其竞争性抑制

【实验目的】

（1）理解酶竞争性抑制作用的原理。

（2）掌握实验操作步骤。

【实验原理】

动物组织中含有琥珀酸脱氢酶，此酶能催化琥珀酸脱氢转变成延胡索酸，反应中生成的 $FADH_2$ 可使蓝色的甲烯蓝还原为无色的甲烯白。

丙二酸是琥珀酸脱氢酶的竞争性抑制剂，它与琥珀酸的分子结构相似，故能与琥珀酸竞争酶的活性中心。丙二酸与酶结合后，酶活性受抑制，则不能再催化琥珀酸的脱氢反应。抑制程度的大小由抑制剂与底物两者浓度的比例而定。

本试验以甲烯蓝作为受氢体，在隔绝空气的条件下，琥珀酸脱氢酶活力改变可以通过甲烯蓝的褪色程度来判断，并以此观察丙二酸对琥珀酸脱氢酶活性的抑制作用。

$$琥珀酸 + 甲烯蓝 \xrightarrow[\text{无氧条件}]{\text{琥珀酸脱氢酶}} 延胡索酸 + 甲烯白$$

【试剂与器材】

1. 试剂

（1）0.2mol/L 琥珀酸溶液。

（2）0.2mol/L 丙二酸溶液。

（3）0.02mol/L 丙二酸溶液。

以上三种溶液可用 1mol/L NaOH 调节至 pH7.4，直接用其钠盐配制也可。

（4）1/15mol/L 磷酸氢二钠–磷酸二氢钾缓冲液（pH7.4）（见附录）。

（5）0.02% 甲烯蓝。

（6）液体石蜡。

2. 器材

水浴锅、离心机、研钵、台秤、剪刀、试管、吸管、滴管、离心管等。

3. 材料

动物肝脏、心脏。

【实验操作】

1. 鸡心脏或肝脏提取液的制备

取新鲜鸡心或肝约 3g，用蒸馏水清洗后剪成碎块，置于研钵中，加入适量净沙及

pH7.4磷酸盐缓冲液5mL，研磨成匀浆，再加入缓冲液6～7mL，搅匀，放置20min（不时搅拌），然后过滤或离心后取上清液备用。

2. 取试管4支，编号后按下表操作

试管号	1	2	3	4
0.2mol/L 琥珀酸/mL	4	4	4	4
0.2mol/L 丙二酸/mL	–	–	4	–
0.02mol/L 丙二酸/mL	–	–	–	4
蒸馏水/mL	4	14	–	–
0.02% 甲烯蓝/mL	2	2	2	2
鸡心脏提取液/mL	10	–	10	10

摇匀，于各管滴加液体石蜡10滴以隔绝空气，置37℃水浴中保温。

【结果处理】

（1）随时观察各管甲烯蓝褪色情况，并记录时间、解释结果。

（2）第一管褪色后用力摇动，观察有何变化并解释。

【注意事项】

（1）加液体石蜡时，宜斜执试管，沿管壁缓缓加入，不要产生气泡。

（2）加完液体石蜡后，不要振摇试管，以免溶液与空气接触使甲烯白重新氧化变蓝。

【思考题】

（1）琥珀酸脱氢酶常见的竞争性抑制剂有哪些？

（2）甲烯蓝指示剂的变色原因？

实验二十八　蔗糖酶活力测定

【实验目的】

（1）了解蔗糖酶的性质及3，5－二硝基水杨酸比色法测定蔗糖酶活力的实验原理。

（2）熟练掌握其测定方法。

【实验原理】

蔗糖酶（sucrase，EC 3.2.1.26）又称转化酶，蔗糖在其作用下，水解为D－葡萄糖与D－果糖。酵母细胞含丰富的蔗糖酶（胞内酶），细胞破壁后释放出来的蔗糖酶可以从果糖末端切开蔗糖的果糖糖苷键，使蔗糖水解生成葡萄糖和果糖，葡萄糖和果糖是还原糖，其含量可通过3，5－二硝基水杨酸比色法测定，从而度量酶活力的大小。

蔗糖酶活力定义为：在35℃实验条件下，每3min释放1mg还原糖的酶量为1酶活单位。由于蔗糖酶在碱性条件下极易失活，所以可用碱终止酶解反应。

3，5－二硝基水杨酸定糖法实验原理：3，5－二硝基水杨酸溶液和还原糖溶液共热后被还原成棕红色的氨基化合物，在520nm波长处有最大吸收峰，在一定范围内其吸光度与还原糖含量呈线性关系，可用于还原糖含量测定。

【试剂与器材】

1. 试剂

（1）3，5 - 二硝基水杨酸试剂（DNS）：

甲液：称取 6.9g 结晶酚溶于 15.2mL 10% NaOH 中，并用水稀释至 69mL，在此溶液中加 6.9g NaHSO₃。

乙液：称取 255g 酒石酸钾钠置于 300mL 10% NaOH 中，再加入 880mL 1% 3，5 - 二硝基水杨酸溶液。

将甲、乙两溶液混合即得到颜色呈黄色的使用液，贮于棕色瓶中，室温下放置 7～10 天后使用。

（2）葡萄糖标准使用液（1mg/mL）：称取干燥的葡萄糖 0.1000g，溶于水并定容至 100mL。

（3）5% 蔗糖溶液：称取 5.00g 蔗糖用 pH5.5 0.1mol/L 醋酸 - 醋酸钠缓冲溶液（pH5.5）配制成 100mL。

（4）1mol/L NaOH。

2. 器材

电热恒温水浴锅、721 分光光度计、秒表或手表。

3. 材料

蔗糖酶。

【实验操作】

1. 标准曲线制备

选择 6 支试管，按照下表进行操作：

试管号	0	1	2	3	4	5
葡萄糖标准溶液（mL）	0	0.15	0.3	0.45	0.60	0.75
葡萄糖含量（mg）	0	0.15	0.3	0.45	0.60	0.75
蒸馏水（mL）	1.0	0.85	0.70	0.55	0.40	0.25
DNS 试剂（mL）	1.5	1.5	1.5	1.5	1.5	1.5
摇匀，于沸水浴中加热 5min，迅速冷却，加水定容至 25mL						
A_{520nm}						

使用 1cm 比色皿，在 520nm 波长条件下，以空白调零，测定各管吸光值。

用坐标纸绘制标准曲线或用回归法计算求出以 A_{520nm} 值为自变量，葡萄糖含量（mg）为因变量的直线方程。

2. 蔗糖酶活力测定

（1）吸取稀释的供试酶液 2.0mL 于试管 1 中，再加 1mL 1mol/L NaOH 灭酶，作为对照管。

（2）另取稀释酶液 2.0mL 于试管 2 中。然后将 1、2 号试管及 5% 蔗糖试剂放入 35℃ 水浴中预热 10min，然后分别吸 2.0mL 经预热的 5% 蔗糖溶液加入试管 1，2 中，立即记时，酶促反应 3min，再向试管 2 加入 1mol/L NaOH 1mL 灭酶，摇匀。

（3）取适量的酶促反应液，用测定葡萄糖含量的 DNS 试剂定糖法，以 1 号管调零，测定酶促反应液 A_{520nm} 值，与葡萄糖标准曲线比较，求出酶促反应液中还原糖含量。作 2 次平行试验。

【结果处理】

$$蔗糖酶活力（U/mL）= \frac{A_{520nm} 相当的葡萄糖质量（mg）}{2 \times V} \times 4$$

式中　V——测定时样品的体积（mL）。

【注意事项】

定糖实验，不当的操作易引起较大的误差，所以 DNS 试剂加入时，应尽量准确无损地加至试管底部，控制沸水浴加热反应时间。

【思考题】

（1）蔗糖酶活力测定时，1 号对照管并无进行酶促反应，但加入定糖试剂加热后，溶液仍呈现红棕色，原因何在？

（2）酶活力测定时用对照 1 号管调节分光光度计零点的目的是什么？用求葡萄糖标准曲线时的试剂空白管调零点可以吗？为什么？

实验二十九　血清转氨酶活力测定

【实验目的】

（1）掌握测定谷丙转氨酶活力的原理。

（2）掌握谷丙转氨酶活力测定的方法和注意事项。

【实验原理】

谷丙转氨酶（GPT）能催化丙氨酸和 α-酮戊二酸生成谷氨酸和丙酮酸。丙酮酸在酸性条件下与 2，4-二硝基苯肼，可缩合生成棕红色的丙酮酸二硝基苯腙，在 520nm 处有最大光吸收，在一定的浓度下，其颜色的深浅符合比尔定律。通过比色法，可计算出转氨酶活性。

$$\alpha - 酮戊二酸 + 丙氨酸 \underset{37℃}{\overset{GPT}{\rightleftharpoons}} 谷氨酸 + 丙酮酸$$

丙酮酸　　　　2，4-二硝基苯肼　　　丙酮酸二硝基苯腙

GPT 在肝脏含量最多，在肝脏的早期损害或病毒肝炎的急性阶段，由于肝细胞损伤 GPT 就释放进入血液，使血清中此酶水平明显升高。因此测定血清中谷丙转氨酶活力可作为诊断肝病的重要手段。

【试剂与器材】

1. 试剂

（1）2mmol/L 丙酮酸标准溶液：称取 22mg 丙酮酸钠，溶于 pH7.4 磷酸缓冲液中，定容至 100mL。

（2）GPT 底物溶液：称取 α-酮戊二酸 87.6mg，丙氨酸 5.34g 用 90mL 0.1mol/L pH7.4 磷酸缓冲液溶解，然后用 20% NaOH 调节 pH 为 7.4，再用磷酸缓冲液，定容至 300mL，4℃保存，一周内使用。

（3）0.1mol/L pH7.4 磷酸缓冲液。

（4）2,4-二硝基苯肼溶液：称取 19.8mg 2,4-二硝基苯肼置于 100mL 容量瓶中，用 8mL 浓盐酸溶解后，再加水稀释到刻度。

（5）0.4mol/L NaOH 溶液。

2. 实验器材

恒温水浴锅、分光光度计、移液管、试管等。

3. 材料

鱼肌肉匀浆或血清。

【实验操作】

1. 标准曲线的制备

取干净试管 6 支，编号后按照下表添加试剂。混匀后各管加入 GPT 底物溶液 0.5mL，将试管置于 37℃ 水浴中保温 10min，然后向每管中加入 0.5mL 2,4-二硝基苯肼，再继续保温 20min，再分别向各管中加入 0.4mol/L NaOH 溶液 5mL，室温下静置 10min。用 0 号管作为空白对照，于 520nm 下下测定吸光值。以各管吸光值为纵坐标，丙酮酸的浓度为横坐标做标准曲线。

管号	0	1	2	3	4	5
2mmol/L 丙酮酸标准溶液/mL	0.00	0.05	0.1	0.15	0.2	0.25
磷酸缓冲液/mL	0.25	0.20	0.15	0.10	0.05	0

2. GPT 活力测定

取干净试管 4 支，按照下表添加试剂：

试剂	测定 1	对照 1	测定 2	对照 2
血清/mL	0.25	0.25	0.25	0.25
GPT 底物溶液/mL	0.5		0.5	
37℃水浴加热 30min（转氨基反应）				
2,4-二硝基苯肼溶液/mL	0.5	0.5	0.5	0.5
GPT 底物溶液/mL		0.5		0.5
37℃水浴加热 20min（丙酮酸与 2,4-二硝基苯肼反应）				
0.4mol/L NaOH 溶液/mL	5	5	5	5

混匀，室温下静置 10min 后，以对照管 1 或者 2 调节零点，测定 1 号管和 2 号管的吸收值。

【结果处理】

由标准曲线查出测定 1 号管和测定 2 号管中的丙酮酸的浓度。根据下面的公式计算出 GPT 的活性：

GPT 活力（单位）＝反应管中丙酮酸的量（mmol/L）/0.5h×0.25mL

GPT 活力单位的定义：单位时间（每小时）内，单位体积（每 mL）的酶反应生成的产物的量（mmol/L）

【注意事项】

（1）在呈色反应中，2，4－二硝基苯肼与带有酮基的化合物反应时形成苯腙。底物中的 α－酮戊二酸可以与 2，4－二硝基苯肼反应，生成 α－酮戊二酸苯腙。因此在制备标准曲线的时候需要加入一定量的底物以抵消 α－酮戊二酸的影响。

（2）严格按照实验步骤进行，温度和时间均要严格控制。

【思考题】

（1）简单描述谷丙转氨酶活力测定的原理和操作步骤以及注意事项。

（2）测定血清中的谷丙转氨酶活力有什么生物学意义。

实验三十　　蛋清溶菌酶的制备及活力测定

【实验目的】

（1）熟悉溶菌酶的功能、分布以及作用特性。

（2）掌握溶菌酶的提取及活力测定方法。

【实验原理】

溶菌酶又称胞壁质酶或 N－乙酰胞壁质聚糖水解酶，是一种碱性糖苷水解酶，能作用于细菌细胞壁的黏多糖，具有杀菌等作用，广泛应用于医学临床。

溶菌酶存在于植物浆及动物（蛋清、血浆、淋巴液和鼻黏膜等处）组织中，其中鸡蛋清中含量较为丰富，且鸡蛋清取材方便，因此实验室及实际生产中一般以鸡蛋清为原料进行溶菌酶的提取制备。

从鸡蛋清中分离溶菌酶可以选用多种不同的方法和步骤。本实验采用的分离纯化步骤为：等电点及热变性选择性沉淀→聚丙烯酸处理→葡聚糖凝胶柱层析→聚乙二醇浓缩。溶菌酶具有耐热性，在酸性条件下经受长时间高温处理而不丧失活性；而且溶菌酶又具有特别高的等电点，因此采用热变性与等电点沉淀相结合的方法可除去大部分的杂蛋白。聚丙烯酸是一种多聚电解质，在酸性条件下可以与溶菌酶结合形成凝聚物；当有钙离子存在时溶菌酶又能从这种凝聚物中分离出来，同时生成丙烯酸钙沉淀，后者经过硫酸的酸化又重新形成聚丙烯酸。在实验中，一旦提取液中溶菌酶与聚丙烯酸结合，所形成的凝聚物会立即黏附于试管的底部，倾去上层液体可使溶菌酶既得到纯化，又得到浓缩。最后再用葡聚糖凝胶柱层析，使杂蛋白、溶菌酶和钙离子分开。

【试剂与器材】

1. 试剂

（1）Sephadex G - 50。

（2）1% NaCl - 0.05mol/L HCl。

（3）20% HAc。

（4）10% 聚丙烯酸（现配现用）。

（5）0.5mol/L Na$_2$CO$_3$。

（6）500g/LCaCl$_2$。

（7）NaCl。

（8）6g/L NaCl。

（9）饱和草酸溶液。

（10）细菌悬液：取 1g 艳红 K - 2BP 标记的微球菌 *M. lysodeikticus* 悬于 100mL0.5mol/L 的 pH6.5 磷酸缓冲液中，置于冰箱内保存备用。

（11）乳化剂：2g Brij - 35（聚氧乙烯脂肪醇醚）加 50mL 蒸馏水微热使溶解，冷却后定容至 100mL。吸取此液 10mL 用 0.6mol/L HCl 定容至 200mL 备用。

（12）0.5mol/L 的 pH6.5 磷酸缓冲液。

（13）溶菌酶标准品：优级纯。

2. 器材

玻璃层析柱（2.5cm×34cm）、电热恒温水浴锅、离心沉淀机、10μL 微量进样器、721 型分光光度计。

3. 材料

鸡蛋。

【实验操作】

1. 蛋清溶菌酶的分离提取

（1）变性与等电点选择性沉淀：取新鲜蛋清用 1% NaCl - 0.05mol/L HCl 溶液搅拌稀释，加 20% HAc 调至 pH4.6，3000r/min 离心 10min，收集滤液并记录体积，留样 2mL（Ⅰ）待分析。将滤液置于沸水浴中使 3min 内迅速升温至 75℃，用流动水速冷后，3000r/min 离心 20min，收集上清液，记录体积，并留样 2mL（Ⅱ）待分析。

（2）聚丙烯酸处理：在所得上清液（pH6.0 左右）中滴加 10% 聚丙烯酸（用量为清液体积的 1/4），慢速搅拌，当凝聚物出现后，静置 30min 使凝聚物黏附于容器底部。倾去上清液，加入蒸馏水约 1mL，并滴加少量 0.5mol/L Na$_2$CO$_3$，使沉淀溶解，此时溶液 pH6.0 左右。搅拌条件下向溶液中滴加 500g/L CaCl$_2$（体积为聚丙烯酸量的 1/12.5），生成的沉淀挤压干后弃去。如所得溶液不够澄清，可以进行离心或简单过滤，并用少量水洗涤滤纸。收集滤液于刻度试管，记录体积，留样 0.5mL（Ⅲ）待分析。

（3）Sephadex G - 50 柱层析

①装柱：称取 15g Sephadex G - 50，加入 300mL 蒸馏水溶胀 6 小时以上，置热水浴中加热除去气泡，冷却后装入玻璃层析柱。用 6g/L NaCl 溶液 200mL 平衡层析柱。

②上样：向样液中加入固体 NaCl 使终浓度为 50g/L，上样时先吸去层析柱凝胶面上

的溶液，再沿管壁滴加样品，样品量不宜超过 10mL。加完后打开层析柱出口，让样品均匀流入凝胶内。

③洗脱：样品流完后，先分次加入少量 6g/L NaCl 洗脱液冲洗柱壁上的样品，然后接通蠕动泵，继续以 6g/L NaCl 洗脱，调节操作压力使流速控制在 7～8mL/10min，部分收集器收集，10min 收集一管，共收集 200mL 左右。

④分析：记录各管体积，紫外光吸收法测定各管中蛋白质浓度。合并含有蛋白质的收集管，草酸鉴定 Ca^{2+}，留样（IV）待分析。

2. 乙二醇浓缩

将洗脱液放入透析袋，外面裹以聚乙二醇，置于加盖容器中。当酶液水分被聚乙二醇吸收而浓缩至 5mL 左右时，用蒸馏水洗去透析膜外的聚乙二醇，倒出浓缩液，记录体积，留样 0.5mL （V）待分析。

3. 溶菌酶活力测定

取上述各待测酶液稀释 30～50 倍，进行酶活力测定。

用微量进样器取酶液样品 10μL，加入 0.5mL pH6.5 的 0.5mol/L 磷酸缓冲液（相当于稀释 50 倍），混合均匀，37℃预热 2min，然后加入同样已预热过的细菌悬液 0.5mL。37℃保温反应 15min 后，用 2mL 乳化剂停止反应。反应液经 3000r/min 离心 10min，取上清液在 721 型分光光度计上进行比色 （540nm）。空白管用磷酸缓冲液替代样液，其他操作同样品。

【思考题】

（1）溶菌酶有何重要性质，可应用在哪些领域？

（2）溶菌酶杀菌的机理是什么？

实验三十一　碱性磷酸酶的分离与纯化

【实验目的】

（1）掌握酶分离纯化的一般步骤及相关原理。

（2）熟悉碱性磷酸酶分离纯化的方法步骤。

【实验原理】

有机溶剂分级沉淀是分离蛋白质的常用方法之一。有机溶剂能使许多溶于水的生物大分子发生沉淀，其主要作用是降低水溶液的介电常数。例如 20℃时水的介电常数为 80，82% 的乙醇溶液的介电常数 40。溶液的介电常数降低意味着溶质分子间异性电荷库仑引力增加，从而使溶质的溶解度降低。同时有机溶剂溶于水，对大分子物质表面的水化膜具有破坏作用，使这些大分子脱水而互相聚集析出。沉淀不同物质所需有机溶剂的浓度不同，利用不同蛋白质沉淀时所需有机溶剂浓度不同可将它们分离。

用于生物大分子分级分离的溶剂主要是能与水互溶的有机溶剂，常用的有乙醇、甲醇和丙酮等。进行有机溶剂沉淀时，欲使原溶液中有机溶剂达到一定浓度，需加入有机溶剂的浓度和体积可按下式计算：

$$V = \frac{V_0 \ (S_2 - S_1)}{(100 - S_2)}$$

式中　V——需加100%有机溶剂剂的体积；

　　　V_0——原溶液的体积；

　　　S_1——原溶液中有机溶剂的浓度；

　　　S_2——要求达到的有机溶剂浓度；

　　　100——指加入的有机溶剂浓度为100%。如所加入的有机溶剂的浓度为95%，

　　　　　上式（$100 - S_2$）项应改为（$95 - S_2$）。

在大规模制备沉淀时，若溶剂浓度的要求不太严格时，可用简单的交叉方法求出。

本实验采用有机溶剂沉淀法从肝匀浆中分离纯化碱性磷酸酶（简称 AKP）。先用低浓度醋酸钠（低渗破膜作用）制备肝匀浆，醋酸镁则有保护和稳定 AKP 的作用。匀浆中加入正丁醇可使部分杂蛋白变性，释出膜中酶，过滤，以去除杂蛋白。含有 AKP 的滤液用冷丙酮和冷乙酸进行重复分离纯化。根据 AKP 在 33% 的丙酮或 30% 的乙醇中溶解，而在 50% 的丙酮或 60% 的乙醇中不溶解的性质，用冷丙酮和冷乙醇重复分离提取，可从含有 AKP 的滤液中获得较为纯净的碱性磷酸酶。

【试剂与器材】

1. 试剂

（1）0.5mol/L 醋酸镁溶液：107.25g 醋酸镁溶于蒸馏水中，定容至1000mL。

（2）0.1mol/L 醋酸钠溶液：8.2g 醋酸钠溶于蒸馏水中，定容至1000mL。

（3）0.01mol/L 醋酸镁 – 0.01mol/L 醋酸钠溶液：准确吸取 20mL 0.5mol/L 醋酸镁溶液及 100mL 0.1mol/L 醋酸钠溶液，混匀后定容至1000mL。

（4）Tris – HCl pH8.8 缓冲液：称取三羟甲基氨基甲烷 12.1g，用蒸馏水溶解后定容至1000mL，即为 0.1mol/L Tris 溶液。取 100mL 0.1mol/L Tris 溶液，加蒸馏水约780mL，再加 0.1mol/L 醋酸镁溶液100mL，混匀后用1%冰醋酸调 pH 为8.8，用蒸馏水定容至1000mL。

（5）正丁醇、丙酮、95%乙醇，均为分析纯试剂。

2. 器材

移液管、量筒、玻璃匀浆器（管）、剪刀、离心机、定性滤纸。

3. 材料

新鲜兔肝。

【实验操作】

以下操作均在 4～10℃进行。

1. A 液制备

称取新鲜兔肝 2g，剪碎后，置于玻璃匀浆器中，加入 2.0mL 0.01mol/L 醋酸镁 – 0.01mol/L 醋酸钠溶液，充分磨成匀浆后，将匀浆液转移至离心管中，用4.0mL 上述溶液分两次冲洗匀浆管，并倒入离心管中，混匀，此为 A 液。另取 1 支试管，编号为 A，取 0.1mL A 液，加入 4.9mL Tris 缓冲液（pH8.8），混匀，供测酶活性用。

2. B 液制备

（1）加 2.0mL 正丁醇溶液于上述剩余的匀浆液中，用玻璃棒充分搅拌 2min 左右。然后在室内放置 20min 后，滤纸过滤，滤液置离心管中。

（2）于滤液中加入等体积冷丙酮，立即混匀后离心 5min（2000r/min），弃上清液，向沉淀中加入 4.0mL0.5mol/L 醋酸镁溶液，用玻璃棒充分搅拌使其溶解，同时记录悬液体积，此为 B 液。吸取 0.1mLB 液，置于编号为 B 的试管中，加入 4.9mLTris 缓冲液（pH8.8），供测酶活力用。

3. C 液制备

（1）取剩余悬液体积，并计算使乙醇终浓度为 30% 需要加入的 95% 冷乙醇量。按计算量加入乙醇，混匀，立即离心 5min（2000r/min），量取上清液体积。倒入另一离心管中，弃去沉淀。向上清液中加入 95% 冷乙醇，使乙醇终浓度达 60%（计算方法同前），混匀后立即离心 5min（2500r/min），弃上清。向沉淀中加入 4.0mL 0.01mol/L 醋酸镁－0.01mol/L 醋酸钠溶液，充分搅拌，使其溶解。

（2）重复操作上一步骤，向悬浮液中加入冷乙醇（95%），使乙醇终浓度达 30%，混匀后立即离心 5min（2000r/min），计算上清液体积，倒入另一离心管中，弃去沉淀，向上清液中加入 95% 的冷乙醇，使乙醇终浓度达 60%。混匀后，立即离心 5min（2500r/min），弃上清液，沉淀用 3mL0.5mol/L 醋酸镁溶液充分溶解，记录体积，此为 C 液。吸取 C 液 0.2mL 置于编号为 C 的试管中，加入 3.8mLTris 缓冲液（pH8.8），供测酶活性用。

4. D 液制备

向上述剩余悬液中逐滴加入冷丙酮，使丙酮终浓度达 33%，混匀后离心 5min（2000r/min），弃去沉淀。量取上清液体积后转移至另一离心管中，再缓缓加入冷丙酮，使丙酮终浓度达 50%，混匀后立即离心 15min（4000r/min），弃上清液，沉淀为部分纯化的碱性磷酸酶。向此沉淀中加入 4.0mLTris pH8.8 缓冲液，使沉淀溶解，再离心 5min（2000r/min），将上清液倒入试管中，记录体积、弃去沉淀。上清液即为部分纯化的酶液，此为 D 液。吸取 0.2mLD 液置于编号为 D 的试管中，加入 0.8mLTris 缓冲液（pH8.8），供测酶活性用。

【结果处理】

通过以上分离纯化，可得到高活性的碱性磷酸酶样品。

【注意事项】

用有机溶剂分离纯化酶（或蛋白质）必须注意以下几点：

（1）有机溶剂沉淀是个放热过程，所以要在低温下进行。溶剂应预冷，加入时要边搅拌边滴加，以避免局部浓度过高使酶蛋白变性。

（2）溶剂的 pH 最好控制在被分离物质的等电点附近，以提高被分离物质的分离效果。蛋白质浓度应控制在 5～20mg/mL，以防止高浓度样品的共沉淀作用。

（3）溶液的离子强度控制在 0.05～0.1 范围内。

（4）有机溶剂中有中性盐存在时能增加蛋白质的溶解度，减少变性，提高分离效果。中性盐浓度一般以 0.05mol/L 左右为好，过高影响沉淀。

【思考题】

（1）分离纯化碱性磷酸酶是利用碱性磷酸酶的哪些特性？

（2）在碱性磷酸酶的分离纯化过程中应注意哪些环节？

实验三十二　淀粉酶的活力及比活力测定

【实验目的】

（1）掌握淀粉酶活性测定的原理。

（2）学习淀粉酶活力测定的方法。

（3）巩固并熟练分光光度计的使用。

【实验原理】

淀粉酶广泛存在于动物、植物和微生物界，不同来源的淀粉酶，性质有所不同。根据淀粉酶对淀粉的作用方式不同，淀粉酶可分为四种主要类型：即 α - 淀粉酶、β - 淀粉酶、葡萄糖淀粉酶和异淀粉酶。其中植物中以禾谷类种子的淀粉酶活性较强，小麦、水稻萌发时淀粉酶活性最强，此时淀粉酶活性大小与种子萌发力有关。

淀粉酶能使淀粉水解成麦芽糖，由于麦芽糖能将 3，5 - 二硝基水杨酸试剂还原成橙红色的 3 - 氨基 - 5 - 硝基水杨酸，且在一定范围内还原糖的浓度与反应液的颜色呈正比，故利用比色法可求出麦芽糖的含量。以 5min 内每 1g 样品水解产生麦芽糖的质量（mg）表示酶活力的大小。

3，5 - 二硝基水杨酸　　　3 - 氨基 - 5 - 硝基水杨酸

植物淀粉酶可分为 α - 淀粉酶、β - 淀粉酶两种，其中 β - 淀粉酶不耐热，在温度 70℃ 以上易钝化；而 α - 淀粉酶不耐酸，在 pH3.6 以下则发生钝化。根据以上特性，可分别测定这两种淀粉酶的活力。如测定 α - 淀粉酶和 β - 淀粉酶的活力，即为淀粉酶总活力。

【试剂与器材】

1. 试剂

（1）石英砂。

（2）1% 淀粉溶液：称 1g 可溶性淀粉，加入 100mL 蒸馏水，煮沸（临用时配制）。

（3）pH5.6 柠檬酸缓冲液：A 液：称取柠檬酸 21g，溶解后定容到 1000mL；B 液：称取柠檬酸钠 29.4g，溶解后定容到 1000mL。量取 A 液 55mL 与 B 液 145mL 混匀，即为 pH5.6 的缓冲液。

（4）0.4mol/L 的 NaOH 溶液。

（5）3，5 - 二硝基水杨酸试剂：取 1g 3，5 - 二硝基水杨酸，溶于 20mL 2 mol/L NaOH 中，加入 50mL 蒸馏水，再加入 30g 酒石酸钾钠，待溶解后，用蒸馏水稀释至

100mL，盖紧瓶盖，勿使二氧化碳进入。

（6）麦芽糖标准溶液：称取 0.1g 麦芽糖，溶于少量蒸馏水中，然后定容到 100mL，即为 1mg/mL 麦芽糖标准液。

2. 器材

20mL 具塞试管、移液管、100mL 容量瓶、研钵、721 分光光度计、恒温水浴锅、离心管等。

3. 材料

萌发 3 ~ 4 天的水稻或小麦种子。

【实验操作】

1. 酶液的制备

称取萌发小麦种子，置研钵中，加 0.5g 石英砂研磨成匀浆，用 8mL 蒸馏水分次洗涤研钵，将匀浆转入离心管中，搅拌均匀后放置 15 ~ 20min（间隔搅拌 2 ~ 3 次）。3500r/min 离心 10min，将上清液转入 25mL 容量瓶，用蒸馏水定容至刻度，得粗酶液。

2. α - 淀粉酶与 β - 淀粉酶的酶促反应：

取 4 支 10mL 具塞试管，编号，按下表加入各液。各管混匀后，置 40℃ 水浴准确保温 5min，取出后立即向 3、4 号试管中分别加入 4mL0.4mol/LNaOH 终止酶活力。

管号	1（对照）	2（对照）	3（反应）	4（反应）
粗酶液/mL	1	1	1	1
pH5.6 缓冲液/mL	1	1	1	1
40℃ 水浴保温 5min				
0.4mol/L NaOH 溶液/mL	4	4	0	0
预热 1% 淀粉溶液/mL	2	2	2	2

3. 麦芽糖酶测定

（1）标准曲线制作　取 20mL 刻度试管 7 支，编号，分别加入 1mg/mL 麦芽糖标准溶液 0、0.2、0.6、1、1.4、1.8 和 2mL。然后各管加蒸馏水，使体积为 2mL，再向各管加 3，5 - 二硝基水杨酸试剂 2mL，置沸水浴中煮沸 5min，取出后在自来水里冷却，用蒸馏水稀释至 20mL，摇匀后在 520nm 波长下用分光光度计比色，以光密度值为纵坐标，麦芽糖含量为横坐标绘制标准曲线。

（2）样品的测定　取以上酶作用后的反应液及对照管中的溶液各 2mL，分别放入 20mL 具塞刻度试管中，加入 2mL3，5 - 二硝基水杨酸试剂，置沸水浴中准确煮沸 5min，取出冷却，用蒸馏水稀释至 20mL，摇匀后在 520nm 波长下用分光光度计比色，记录 OD 值，从麦芽糖曲线中查出相应麦芽糖含量，进行结果计算。

【结果处理】

$$淀粉酶总活力 = \frac{(A - A') \times 酶提取液总体积 \times 酶反应稀释倍数}{样品质量（g）\times 显色所用样品液体积}$$

式中　A——酶反应管中麦芽糖含量，即 3 号和 4 号管中麦芽糖质量（mg）的平均值。

　　A′——对照管中麦芽糖含量，即1号和2号管中麦芽糖质量（mg）的平均值

【注意事项】

（1）试验前应将所有研钵、试管、容量瓶等玻璃器皿冲洗干净，移液管分别使用，以避免酶遇强碱失活。

（2）注意控制好酶反应温度及pH。

【思考题】

（1）简述淀粉酶活力测定的原理。

（2）测定淀粉酶活力应注意什么问题？

实验三十三　蛋白酶活力测定

【实验目的】

（1）了解测定蛋白酶活力的意义和实验原理。

（2）熟练掌握测定蛋白酶活力的实验方法。

【实验原理】

蛋白酶在一定的温度与pH条件下水解酪素底物，产生含有酚基的氨基酸（如酪氨酸、色氨酸等），在碱性条件下，将福林试剂还原，生成钼蓝和钨蓝，用分光光度法测定，计算其酶活力。

【试剂与器材】

1. 试剂

（1）福林试剂的制备：于2000mL磨口回流装置中加入钨酸钠100g、钼酸钠25g、水700mL、85%磷酸50mL、浓盐酸100mL、小火沸腾回流10h，取下回流冷却器，在通风橱中加入硫酸锂50g、水50mL和数滴浓溴水（99%），再微沸15min，以除去多余的溴（冷后仍有绿色需再加溴水，再煮沸除去过量的溴），冷却，加水定容至1000mL。混匀，过滤。制得的试剂应呈金黄色，贮存于棕色瓶中。使用溶液：1份福林试剂与2份水混合，摇匀。

（2）0.4mol/L碳酸钠溶液：称取无水 Na_2CO_3 42.4g，用水溶解并定容至1000mL。

（3）0.4mol/L三氯乙酸溶液：称取三氯乙酸65.4g，用水溶解并定容至1000mL。

（4）0.5mol/L NaOH溶液。

（5）1mol/L及0.1mol/L的盐酸溶液。

（6）缓冲液：

a. 磷酸缓冲液（pH7.5）：适用于中性蛋白酶。

称取磷酸氢二钠（ $Na_2HPO_4 \cdot 12H_2O$ ）6.02g和磷酸二氢钠（ $NaH_2PO_4 \cdot 2H_2O$ ）0.5g，加水溶解并定容至1000mL。

b. 乳酸缓冲液（pH3.0）：适用于酸性蛋白酶。

甲液：称取乳酸（80%～90%）10.6g，加水溶解并定容至1000mL。

乙液：称取乳酸钠（70%）16g，加水溶解并定容1000mL。

使用溶液：取甲液 8mL，加乙液 1mL，混匀，稀释 1 倍，即成为 0.05mol/L 乳酸缓冲液。

c. 硼酸缓冲液（pH10.5）：适用于碱性蛋白酶。

甲液：称取硼酸钠（硼砂）19.08g，加水溶解并定容 1000mL。

乙液：称取氢氧化钠 4.0g，加水溶解并定容至 1000mL。

使用溶液：取甲液 500mL、乙液 400mL 混匀，用水稀释至 1000mL。

上述各种缓冲溶液，均需用 pH 计校正。

（7）10g/L 酪素溶液：称取酪素 1.000g，精确至 0.001g，用少量 0.5mol/LNaOH 溶液（若酸性蛋白酶则用浓乳酸 2~3 滴）湿润后，加入适量的各种适宜 pH 的缓冲溶液约 80mL，在沸水浴中边加热边搅拌，直至完全溶解，冷却后，转入 100mL 容量瓶中，用适宜的 pH 缓冲溶液稀释至刻度。此溶液在冰箱内贮存，有效期为 3 天。

（8）100μg/mL L - 酪氨酸标准溶液：

a. 称取预先于 105℃ 干燥至恒重的 L - 酪氨酸 0.1000g，精确至 0.0002g，用 1mol/L 盐酸 60mL 溶解后定容至 100mL，即为 1mg/mL L - 酪氨酸标准溶液。

b. 吸取 1mg/mLL - 酪氨酸标准溶液 10.00mL，用 0.1mol/L 盐酸定容至 100mL，即得到 100μg/mLL - 酪氨酸标准溶液。

2. 器材

电子天平、恒温水浴锅、分光光度计、移液管、试管、容量瓶等。

3. 材料

蛋白酶制剂。

【实验操作】

1. 标准曲线的绘制

a. 取 6 支干净试管，编号后按下表操作：

管号	酪氨酸标准溶液的浓度 c（μg/mL）	100 μg/mL 酪氨酸标准溶液的体积 V/mL	取水的体积 V/mL
0	0	0	10
1	10	1	9
2	20	2	8
3	30	3	7
4	40	4	6
5	50	5	5

b. 分别取上述溶液各 1.00mL（需做平行试验），各加 0.4mol/L 碳酸钠溶液 5mL，福林试剂使用溶液 1.00mL，置于（40 ± 0.2）℃ 水浴中 20min，取出，用分光光度计于波长 680nm 比色，以不含酪氨酸的 0 管为空白，分别测定其吸光度，以吸光度 A 为纵坐标，酪氨酸浓度 C 为横坐标绘制标准曲线（此线应通过零点）。

根据作图或用回归方程，计算出当吸光度为 1 时的酪氨酸的量（μg），即为吸光常

数 K 值，其 K 值应在 95～100 范围内。

2. 蛋白酶活力测定

（1）待测酶液的制备 称取酶粉 1～2g，精确至 0.0002g（或吸取液体酶 1.00mL），用少量该酶的缓冲液溶解，并用玻璃棒捣研，然后将上清液小心倾入适合的容量瓶中，沉渣中再添加少量上述缓冲液溶解，捣研 3～4 次，最后全部移入容量瓶中，用缓冲液定容至刻度，摇匀。用 4 层纱布过滤，滤液应根据酶活力再一次用缓冲液稀释至适当浓度，供测试用（稀释至被测试液吸光值在 0.25～0.40 范围内）。

（2）测定

①先将酪素溶液放入（40±0.2）℃恒温水浴中预热 5min。

②按下图程序操作：

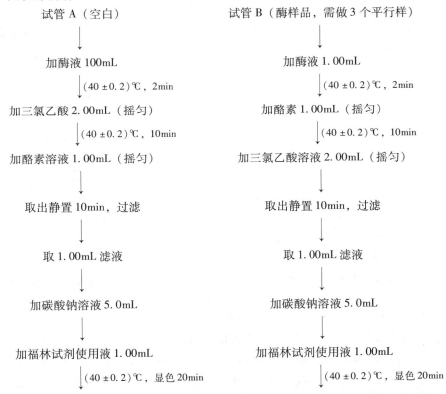

【结果处理】

$$X = A \times K \times 4/10 \times n = 2/5 \times A \times K \times n$$

式中 X——样品的酶活力；

　　　A——样品平行实验的平均吸光度；

　　　K——吸光常数；

　　　4——反应试剂的总体积，mL；

　　　10——反应时间 10min，以 1min 计；

　　　n——稀释倍数。

所得结果表示至整数。

结果的允许误差：平行实验相对误差不得超过 3% 。

实验三十四　大蒜超氧化物歧化酶（SOD）的分离提取与活力测定

【实验目的】

（1）了解有机溶剂沉淀蛋白质的原理。

（2）掌握细胞破碎的方法。

（3）学会使用高速冷冻离心机，并巩固紫外分光光度计的操作使用技术。

【实验原理】

超氧化物歧化酶（superoxide dismutase，SOD）广泛存在于各类生物体内，按其所含金属离子的不同，可分为 3 种：铜锌超氧化物歧化酶（Cu·Zn－SOD）、锰超氧化物歧化酶（Mn－SOD）和铁超氧化物歧化酶（Fe－SOD）。在生物体内，它是一种重要的自由基清除剂，能治疗多种炎症、放射病、自身免疫性疾病和抗衰老，对生物体有保护作用。

在大蒜蒜瓣和悬浮培养的大蒜细胞中含有较丰富的 SOD，通过组织或细胞破碎后，可用 pH8.2 的磷酸盐缓冲液提取，提取液用低浓度的氯仿－乙醇处理，离心后去除杂蛋白沉淀，得 SOD 粗酶液，由于 SOD 不溶于丙酮，可用丙酮将其沉淀析出。

极性有机溶剂能引起蛋白质脱去水化层，并降低介电常数而增加带电质点间的相互作用，致使蛋白质颗粒凝集而沉淀。采用这种方法沉淀蛋白质时，要求在低温下操作，并且需要尽量缩短处理时间，避免蛋白质变性。

本实验采用邻苯三酚自氧化法来测定 SOD 的酶活性。

邻苯三酚自氧化的机理极为复杂，它在碱性条件下，能迅速自氧化，释放出 O_2^-，生成带色的中间产物。反应开始后，反应液先变成黄棕色，几分钟后转绿，几小时后又转变成黄色，这是因为生成的中间物不断氧化的结果。这里测定的是邻苯三酚自氧化过程中的初始阶段。中间物的积累在滞留 30～45s 后，与时间呈线性关系，一般线性时间维持在 4min 的范围内。中间物在 320nm 波长处有强烈光吸收，当有 SOD 存在时，由于它能催化 O_2^- 与 H^+ 结合生成 O_2 和 H_2O_2，从而阻止了中间物的积累，因此，通过计算就可求出 SOD 的酶活力。

邻苯三酚自氧化速率受 pH、浓度和温度的影响，其中 pH 影响较大，因此，测定时要求对 pH 严格控制。

【试剂与器材】

1. 试剂

（1）新鲜蒜瓣。

（2）磷酸盐缓冲液 0.05mol/L，pH8.2。

（3）氯仿－乙醇混合溶剂：氯仿∶无水乙醇＝3∶5（体积比）。

（4）丙酮：用前预冷至 4～10℃。

（5）10mmol/L HCl。

（6）邻苯三酚：用 10mmol/L HCl 将邻苯三酚配制成 50mmol/L 的溶液。

（7）碎冰。

2. 器材

GL-2IM 高速冷冻离心机、紫外分光光度计、离心管、恒温水浴锅、吸管、量筒、烧杯、容量瓶、研钵、托盘天平。

【实验操作】

1. 组织和细胞的破碎

称取 5g 左右的大蒜蒜瓣，置于研钵中研磨，使组织或细胞破碎。

2. SOD 的提取

将上述破碎的组织或细胞，加入 2~3 倍体积（约 10mL）的 0.05mol/L，pH8.2 的磷酸盐缓冲液，继续研磨搅拌 20min，使 SOD 充分溶解到缓冲液中，然后用离心机在 4℃，8000r/min 下离心 15min（10000r/min，10min），弃沉淀，得粗提取液。测量粗提取液体积，并准确留样 0.5mL 于 3 号试管中。

3. 去除杂蛋白

留样后剩余的粗提取液中加入 0.25 倍体积的氯仿 - 乙醇混合溶剂搅拌 15min，8000r/min，离心 15min（10000r/min，10min），去除杂蛋白沉淀，得提取液。量取提取液体积，并准确留样 0.5mL 于 4 号试管中。

4. SOD 的沉淀分离

在上述留样后剩余的提取液中加入等体积的冷丙酮，混匀后置冰浴中放置 15min，8000r/min 离心 15min（10000r/min，10min），弃上清液，得 SOD 沉淀。

将 SOD 沉淀溶解于 1mL 0.05mol/L、pH8.2 的磷酸盐缓冲液中，于 55~60℃热处理 15min 除不耐热的杂蛋白，8000r/min 离心 15min（10000r/min，10min），弃沉淀，得到 SOD 酶液。量取 SOD 酶液体积，并准确留样 0.5mL 于 5 号试管中。

5. SOD 活力测定

（1）邻苯三酚自氧化速率的测定　在 1-2 号试管中按下表加入磷酸盐缓冲液，25℃下保温 20min，然后加入 25℃预热过的邻苯三酚（空白管用 10mmol/L HCl 代替邻苯三酚）迅速摇匀，立即倾入比色杯中，以 1 号空白管调零，在 320nm 波长处测定 2 号对照管的光密度 OD（A）值。每隔 1min 读数一次，共计时 4min，要求自氧化速率控制在 0.07OD/min（可通过增减邻苯三酚的加入量调节）。

试剂/mL	1（空白）	2（对照）	最终浓度 /（mmol/L）
0.05mol/L，pH8.2 的磷酸盐缓冲液	4.5	4.5	50
10mmol/L HCl	0.01	0	
50mmol/L 邻苯三酚溶液	0	0.01	0.1

（2）酶活力的测定　按下表加样，操作与测定邻苯三酚自氧化速率相同，也可以 1 号空白管调零，加入 25℃预热过的邻苯三酚后，迅速摇匀，立即测定。根据酶活力大

小可适当增减酶样品的加入量。

试剂/mL	3	4	5	最终浓度/（mmol/L）
0.05mol/L，pH8.2 的磷酸盐缓冲液	4.4	4.4	4.4	50
粗提取液	0.1	0	0	
粗酶液	0	0.1	0	
SOD 酶液	0	0	0.1	
50mmol/L 邻苯三酚溶液	0.01	0.01	0.01	0.1

酶活力单位的定义：在 1mL 反应液中，每分钟抑制邻苯三酚自氧化速率达 50% 时的酶量定义为一个酶活力单位，即在 320nm 波长处测定时，0.035OD/min 为一个酶活力单位。若每分钟抑制邻苯三酚自氧化速率在 35%～65%，通常可按比例计算，若数值不在此范围时，应增加酶样品加入量。

【结果处理】

酶活力的计算公式：

$$单位体积酶活力（U/mL）= \frac{\frac{A-B}{A}\times100}{50} \times 反应液总体积 \times \frac{样品液稀释倍数}{样品液体积}$$

式中　A——邻苯三酚自氧化管（即对照管）的 OD/min；

　　　B——样品管的 OD/min。

【注意事项】

（1）丙酮一定要预冷，并尽量在较低温度下（常于冰浴中）充分混匀后沉淀，并于低温下（4℃）离心，以防蛋白质变性。

（2）分离提取 SOD 分别得到粗提取液、粗酶液和 SOD 酶液的每一步要留样测定酶活，以便测定每步的酶活力以计算回收率。

（3）邻苯三酚自氧化过程一般在 4min 的范围内颜色加深与时间呈线性关系。因此邻苯三酚加入后要迅速测定光密度值，否则会影响实验结果。

第九章　维生素类实验

实验三十五　维生素C的定量测定（2，6－二氯酚靛酚滴定法）

【实验目的】

（1）熟悉抗坏血酸的氧化还原性质。

（2）了解本试验的原理和意义。

（3）掌握定量测定维生素C的方法。

【实验原理】

维生素C又称为抗坏血酸，一般水果、蔬菜中维生素C的含量均较高，包括还原型维生素（抗坏血酸）和氧化型维生素C（脱氢抗坏血酸），新鲜样品中以前者含量最高。维生素C很不稳定，易被碱、热、光、氧、金属离子及维生素氧化酶等因素所破坏，在中性和微酸性条件下稳定，故常用草酸、醋酸来提取样品中的维生素C。维生素C具有很强的还原性，能还原具有氧化性的2，6－二氯酚靛酚，而本身被氧化成脱氢维生素C。因此本法仅能测定还原性维生素C。

氧化型2，6－二氯酚靛酚在酸性溶液中呈玫瑰红色，在中性或碱性溶液中呈蓝色。当用蓝色的碱性2，6－二氯酚靛酚溶液滴定含有维生素C的草酸溶液时，其中的维生素C可以将2，6－二氯酚靛酚还原成无色的还原型。但当溶液中的维生素C完全被氧化之后，则再滴2，6－二氯酚靛酚就会使溶液呈玫瑰红色，借此可以指示滴定终点，表示溶液中的维生素C刚刚被氧化完。根据滴定消耗的标准2，6－二氯酚靛酚溶液的量，可以计算出被测样品中维生素C的含量。

【试剂与器材】

1. 试剂

（1）2%草酸。

（2）0.05%的2，6－二氯酚靛酚钠溶液：称取2，6－二氯酚靛酚500mg，溶于含碳酸氢钠104mg的热蒸馏水中，冷却后用蒸馏水定容至1000mL，贮于棕色瓶中，4℃下冷藏保存可稳定一周。使用前用标准维生素C溶液标定。

（3）标准维生素C溶液（0.1mg/mL）：称取维生素C结晶10mg（应为洁白色，如变为黄色则不能用），用2%草酸溶解并定容至100mL（贮于冰箱），最好临用前配制。

2. 器材

锥形瓶、研钵、天平、剪刀、漏斗、吸管、纱布、微量碱式滴定管、容量瓶。

3. 材料

新鲜水果、蔬菜、松针等。

【实验操作】

1. 样品提取

准确称取新鲜水果或蔬菜样品 1～2g，剪碎后放在研钵中，加入 2% 草酸溶液约 10mL 充分研磨，放置 5min，将提取液滤入 50mL 容量瓶。如此反复抽提 2～3 次，最后用 2% 草酸溶液定容。

2. 2，6-二氯酚靛酚溶液的标定

取 4mL 标准维生素 C 溶液（含 0.4mg 维生素 C），置于三角烧瓶内，加 6mL 2% 的草酸溶液，用 2，6-二氯酚靛酚溶液滴定至呈微红色（须在 1～3min 内完成，15s 不褪色为终点）。记录消耗量，计算出每 1mL 2，6-二氯酚靛酚能氧化维生素 C 的量（重复 3 次，取平均值）。

3. 样品滴定

取上述样品提取液 10mL 放入锥形瓶内，用微量碱式滴定管以标定的 2，6-二氯酚靛酚溶液（蓝色）滴定，每滴 1 滴，充分摇匀，直至呈现微红色保持 15s 不褪色为止，记下消耗的体积（重复 3 次，取平均值）。

4. 空白滴定

取 10mL 2% 草酸溶液放入锥形瓶内，用微量碱式滴定管以标定的 2，6-二氯酚靛酚溶液（蓝色）滴定，每滴 1 滴，充分摇匀，直至呈现微红色保持 15s 不褪色为止。记下消耗的体积（重复 3 次，取平均值）。

【结果处理】

以上样品提取液和空白对照滴定取结果的平均值按下式计算：

$$维生素 C（mg/100g 样品）= \frac{(V_1 - V_2) \times m \times V}{V_3 \times m'} \times 100$$

式中　V_1——滴定样品所用 2，6-二氯酚靛酚溶液的平均体积，mL；

　　　V_2——滴定空白所用 2，6-二氯酚靛酚溶液的平均体积，mL；

　　　V——样品提取液的总体积，mL；

　　　V_3——滴定时所取样品提取液的体积，mL；

　　　m'——样品的质量，g；

　　　m——1mL 2，6-二氯酚靛酚溶液能氧化维生素 C 的量，可通过标定计算得到，mg。

【注意事项】

（1）本试验方法简便易行，但也有缺点，如样品中可能还存在另外一些还原性物质，也能使 2，6-二氯酚靛酚还原，所以滴定速度要快，2～3min 滴定结束，以染料用量不超过 4mL 为佳，滴定至微红色 15s 不褪色即为反应终点。

（2）组织提取液中常有色素存在，会给滴定终点观察带来困难，可选用活性炭脱色再滴定。

（3）用 2% 草酸制备提取液，可有效抑制抗坏血酸氧化酶，而 1% 草酸无此作用。

（4）提取的浆状物如不易过滤，可进行离心收集上清液。

【思考题】

（1）利用 2，6 – 二氯酚靛酚法测定维生素 C 有何优缺点？

（2）维生素 C 的生理功能都有哪些？

实验三十六 维生素 A 的定量测定（比色法）

【实验目的】

（1）了解三氯化锑比色法测定维生素 A 的原理。

（2）熟悉比色法测定维生素 A 的操作步骤。

【实验原理】

维生素 A 在三氯甲烷中与三氯化锑相互作用产生蓝色物质，其深浅与溶液中所含维生素 A 的含量成正比。该蓝色物质虽不稳定但在一定时间内可用分光光度计于 620nm 波长处测定其吸光度，进而得到维生素 A 的活性含量。

【试剂与器材】

1. 试剂

本实验所用试剂皆为分析纯，所用水皆为蒸馏水。

（1）无水硫酸钠（Na_2SO_4）。

（2）乙酸酐。

（3）乙醚：不含有过氧化物。

（4）无水乙醇：不含有醛类物质。

（5）三氯甲烷：应不含分解物否则会破坏维生素 A。

检查方法：三氯甲烷不稳定，放置后易受空气中氧的作用生成氯化氢和光气，检查时可取少量三氯甲烷置试管中，加水振摇使氯化氢溶到水层，加入几滴硝酸银溶液，如有白色沉淀即说明三氯甲烷中有分解产物。

（6）25% 三氯化锑 – 三氯甲烷溶液：用三氯甲烷配制 25% 三氯化锑溶液储于棕色瓶中注意避免吸收水分。

（7）50% 氢氧化钾溶液。

（8）维生素 A 标准液：用脱醛乙醇溶解维生素 A 标准品视黄醇（纯度 85%），使其浓度大约为 1mL 相当于 1mg 视黄醇，临用前用紫外分光光度法标定其准确浓度。

（9）酚酞指示剂：用 95% 乙醇配制成 1% 溶液。

2. 器材

实验室常用设备、分光光度计、回流冷凝装置等。

3. 材料

鱼肝油等。

【实验操作】

维生素 A 极易被光破坏，实验操作应在微弱光线下进行。

1. 样品处理

根据样品性质可采用皂化法或研磨法。

（1）皂化法

①皂化：根据样品中维生素 A 含量的不同，称取 0.5～5g 样品于三角瓶中，加入 20～40mL 无水乙醇及 10mL 50% 氢氧化钾于电炉上回流 30min 至皂化完全为止。皂化法适用于维生素 A 含量不高的样品，可减少脂溶性物质的干扰，但全部实验过程费时且易导致维生素 A 的损失。

②提取：将皂化瓶内混合物移至分液漏斗中，以 30mL 水洗皂化瓶。洗液并入分液漏斗，如有渣子可用脱脂棉漏斗滤入分液漏斗内。用 50mL 乙醚分二次洗皂化瓶，洗液并入分液漏斗中。振摇并注意放气，静置分层后，水层放入第二个分液漏斗内。皂化瓶再用约 30mL 乙醚分二次冲洗，洗液倾入第二个分液漏斗中。振摇后静置分层，水层放入三角瓶中，醚层与第一个分液漏斗合并。重复至水液中无维生素 A 为止。

③洗涤：用约 30mL 水加入第一个分液漏斗中，轻轻振摇，静置片刻后放去水层。加 15～20mL 0.5mol/L 氢氧化钾液于分液漏斗中，轻轻振摇后弃去下层碱液，除去醚溶性酸皂。继续用水洗涤，每次用水约 30mL，直至洗涤液与酚酞指示剂呈无色为止。大约洗涤 3 次，醚层液静置 10～20min，小心放出析出的水。

④浓缩：将醚层液经过无水硫酸钠滤入三角瓶中，再用约 25mL 乙醚冲洗分液漏斗和硫酸钠，两次洗液并入三角瓶内。置水浴上蒸馏回收乙醚，待瓶中剩约 5mL 乙醚时，取下用减压抽气法至干。立即加入一定量的三氯甲烷，使溶液中维生素 A 含量在适宜浓度范围内。

（2）研磨法

①研磨：精确称 2～5g 样品，放入盛有 3～5 倍样品重量的无水硫酸钠研钵中，研磨至样品中水分完全被吸收并均质化。研磨法适用于每 g 样品维生素 A 含量大于 510μg 样品的测定。如肝样品的分析，步骤简单省时，结果准确。

②提取：小心地将全部均质化样品移入带盖的三角瓶内，准确加入 50～100mL 乙醚，紧压盖子用力振摇 2min，使样品中维生素 A 溶于乙醚中。使其自行澄清大约需 12h，或离心澄清。因乙醚易挥发，气温高时应在冷水浴中操作，装乙醚的试剂瓶也应事先置于冷水浴中。

③浓缩：取澄清提取乙醚液 2～5mL，放入比色管中在 70～80℃ 水浴上抽气蒸干。立即加入 1mL 三氯甲烷溶解残渣。

2. 标准曲线的制备

准确取一定量的维生素 A 标准液于 4～5 个容量瓶中，以三氯甲烷配制标准系列。再取相同数量比色管顺次取 1mL 三氯甲烷和标准系列使用液 1mL，各管加入乙酸酐 1 滴，制成标准比色列。于 620nm 波长处，以三氯甲烷调节吸光度至零点，将其标准比色列按顺序移入光路前，迅速加入 9mL 三氯化锑－三氯甲烷溶液，于 6s 内测定吸光度。将吸光度为纵坐标，以维生素 A 含量为横坐标，绘制标准曲线图。

3. 样品测定

于一比色管中加入 10mL 三氯甲烷，加入一滴乙酸酐为空白液；另一比色管中加入 1mL 三氯甲烷，其余比色管中分别加入 1mL 样品溶液及 1 滴乙酸酐，其余步骤同标准曲线的制备。

【结果处理】

$$X = C/m \times V \times 100/1000$$

式中　X——样品中含维生素 A 的量 mg/100g，如按国际单位，每 1 国际单位 = 0.3μg 维生素 A；

　　　C——由标准曲线上查得样品中含维生素 A 的含量，μg/mL；

　　　m——样品质量，g；

　　　V——提取后加三氯甲烷定量之体积，mL；

　　　100——以每百克样品计。

【思考题】

（1）简述维生素 A 的生理功能。

（2）除比色法外，维生素 A 的测定方法有哪些?

实验三十七　维生素 B_2 的定量测定

【实验目的】

（1）了解荧光法测定核黄素的原理并掌握测定方法。

（2）学会使用荧光光度计。

（3）掌握样品处理及测定方法。

【实验原理】

维生素 B_2 是一种重要的水溶性维生素，广泛存在于动物中，牛乳、蛋黄、动物肝脏及绿色植物中含量丰富。维生素 B_2 耐热，对空气、氧气稳定，微溶于水，水溶液呈黄绿色荧光。在稀溶液中，荧光的强度与核黄素的浓度成正比，当加入氧化剂低亚硫酸钠后，样品中的杂质和维生素 B_2 都被还原成无荧光物质。由还原前后的荧光差值可以测定维生素 B_2 的含量。

【试剂与器材】

1. 试剂

（1）低亚硫酸钠（$Na_2S_2O_4$）。

（2）1mol/L 及 0.1mol/L HCl 溶液。

（3）0.1mol/L NaOH 溶液。

（4）核黄素标准溶液（0.5mg/L）：吸取贮备液（25mg/L）1mL，用水稀释至 50mL，用时现配。

2. 器材

荧光光度计、电炉、100mL 容量瓶、漏斗、滤纸等。

3. 材料

牛乳。

【实验操作】

1. 样品处理

称取牛乳 5~10g（或匀浆后的菠菜，含维生素 B_2 以 5~10μg 为宜）于 100mL 烧杯中，加入 0.1mol/L 盐酸 50mL，放置灭菌锅中处理 30min （或常压下加热水解），冷却后用 0.1mol/L 氢氧化钠调至 pH6.0，再立即用 1mol/L 盐酸调 pH 至 4.5，即可使杂质沉淀。将此液移至 100mL 容量瓶中，加水定容，过滤。

2. 样品测定

取 4 支试管，其中 2 支分别加入 10mL 滤液和 1mL 水，另 2 支分别加入 10mL 滤液和 1mL 核黄素标准液 （0.5mg/L），分别测定荧光读数，加入少量 $Na_2S_2O_4$ （20mg），将荧光淬灭后，再分别读数。测定时仪器激发光波长为 E_x440nm，荧光波长为 E_m525nm。

【结果处理】

$$维生素\ B_2\ （mg/100g）= \frac{A-C}{B-A} \times \frac{\rho}{10} \times \frac{d}{m} \times 100\%$$

式中　d——标准溶液浓度，mg/L；

　　　10——滤液体积，mL；

　　　ρ——稀释倍数；

　　　m——样品质量，g；

　　　A——滤液加水的荧光读数；

　　　B——滤液加维生素标准液的荧光读数；

　　　C——滤液加低亚硫酸钠后的荧光读数。

【注意事项】

（1）因维生素 B_2 在碱性溶液中不稳定，因而加 0.1mol/L 氢氧化钠时应边加边摇，防止局部碱度过大，破坏维生素 B_2。

（2）样品提取液中如有色素，会吸收部分荧光，所以要用高锰酸钾氧化以除去色素。

（3）维生素 B_2 不易被中等氧化剂或还原剂破坏，但有 Fe^{2+} 存在时，维生素 B_2 容易被过氧化氢所破坏。

【思考题】

（1）简述荧光产生的机理。

（2）维生素 B_2 的其它定量方法有哪些？

实验三十八　维生素 B_{12} 的定量测定 （HPLC 法）

【实验目的】

（1）了解 HPLC 法测定维生素 B_{12} 的原理。

（2）学会使用高效液相色谱仪的操作。

（3）掌握样品处理及测定方法。

【实验原理】

维生素 B_{12} 又称钴胺素、抗恶性贫血维生素，其结构复杂，为粉红色针状结晶，无嗅无味，相当稳定，但遇日光、氧化剂或还原剂会被破坏。样品中维生素 B_{12} 用水提取后，经高效液相色谱反相柱分离，其峰面积与维生素 B_{12} 的含量成正比，据此原理对维生素 B$_{12}$进行定量测定。该法可消除其他色素杂质的干扰，使检测结果更准确可靠。

【试剂与器材】

1. 试剂

除特殊说明外所用试剂均为优质纯。

（1）25%乙醇溶液（体积分数）。

（2）甲醇：色谱纯。

（3）冰乙酸。

（4）1－己烷磺酸钠：色谱级。

（5）维生素 B$_{12}$标准品：符合中华人民共和国药典。

（6）维生素 B$_{12}$标准贮备溶液：称取约 0.1g（精确至 0.0002g）维生素 B$_{12}$标准品，置于 100mL 棕色容量瓶中，加适量 25%乙醇溶液使其溶解，并稀释定容至刻度，摇匀。该标准储备液每毫升含维生素 B$_{12}$1mg。

（7）维生素 B$_{12}$标准工作液：准确吸取维生素 B$_{12}$标准储备液 1.00mL 于 100mL 棕色容量瓶中，用水稀释定容至刻度，摇匀。该标准工作液每毫升含维生素 B$_{12}$10μg。

2. 器材

超声波水浴、紫外分光光度计、高效液相色谱仪、带紫外可调波长检测器（或二极管矩阵检测器）。

3. 材料

维生素 B$_{12}$制剂。

【实验操作】

1. 维生素 B$_{12}$标准工作液的浓度

按下述方法测定和计算。

以水为空白溶液，用紫外分光光度计测定维生素 B$_{12}$标准工作液在 361nm 处的最大吸收度，维生素 B$_{12}$标准工作液的浓度 X 以 μg/mL 表示，按下式计算：

$$X = \frac{A \times 10000}{207}$$

式中 A——维生素 B$_{12}$标准工作液在 361nm 波长处测得的吸收度；

207——维生素 B$_{12}$标准百分吸收系数（$E_{1cm}^{1\%} = 207$）；

10000——维生素 B$_{12}$标准工作液浓度单位换算系数。

2. 试液的制备

称取试样约 0.1～1g（精确至 0.0002g），置于 100mL 棕色容量瓶中，加约 60mL 水，在超声波水浴中超声提取 15min，冷却至室温，用水定容至刻度，混匀，过滤，滤液过 0.45μm 滤膜，供高效液相色谱仪分析。

3. 色谱条件

固定相：C18 柱：内径 4.6mm，长 150mm，粒度 5μm。

流动相：每升水溶液中含 300mL 的甲醇，1g 的己烷磺酸钠和 10mL 的冰乙酸，过滤，超声脱气。

流速：0.5mL/min。

检测器：紫外可调波长检测器（或二极管矩阵检测器），检测波长 361nm。

进样量：20μL。

4. 定量测定

按高效液相色谱仪说明书调整仪器操作参数，将通过 0.45μm 滤膜的样液依次分装于自动进样瓶中，向色谱柱中注入维生素 B_{12} 标准工作液及试样溶液，得到色谱峰面积响应值用外标法定量。

【结果处理】

试样中维生素 B_{12} 含量 X_1 以质量分数（%）表示，按下式计算：

$$X_1 = \frac{P_i \times c \times 100}{P_{st} \times m} \times 10^{-4}$$

式中　　P_i——试液峰面积；

　　　　c——维生素 B_{12} 标准工作液浓度，μg/mL；

　　　　100——试液稀释倍数；

　　　　P_{st}——维生素 B_{12} 标准工作液峰面积；

　　　　m——样品质量，g。

【注意事项】

（1）同一分析者对同一试样同时两次平行测定结果的相对偏差应不大于5%。

（2）用两次以上相应标准工作液，对系统进行校正。

第十章 糖 类 实 验

实验三十九　糖类性质实验

【实验目的】

（1）加深对单糖、二糖、多糖化学性质的认识。

（2）进一步体会糖类化合物的分子结构与其化学性质的关系。

【实验原理】

糖是多羟基醛、多羟基酮或它们的缩合物。单糖及分子中含有半缩醛（酮）羟基的二糖都具有还原性，能将班氏试剂还原成砖红色的 Cu_2O 沉淀。蔗糖等不含有半缩醛（酮）羟基的糖则无还原性。但蔗糖经水解生成了葡萄糖和果糖，因而水解液具有还原性。

多糖是由许多单糖缩合而成的高分子化合物，无还原性。但多糖在酸存在下加热水解，可生成单糖，随之具有还原性。淀粉为均一多糖，经水解先生成糊精，再水解成麦芽糖，最终水解产物是葡萄糖，因此水解液也具有还原性，能与班氏试剂发生反应。淀粉遇碘显蓝色，此反应很灵敏，常用于检验淀粉或碘。

糖在浓酸存在下，可与酚类化合物产生颜色反应。糖在浓硫酸的作用下与 α‐萘酚反应显紫色，常用于糖类化合物的检出。己酮糖与间‐苯二酚‐盐酸试剂反应很快出现鲜红色，而己醛糖显色缓慢，2min 后可出现微弱的红色，因此常用于区别酮糖和醛糖。

【试剂与器材】

1. 试剂

（1）班氏试剂的配制：称取柠檬酸钠20g，无水碳酸钠11.5g，溶于100mL热水中，在不断搅拌下把含 2g 硫酸铜晶体的20mL水溶液慢慢加入。溶液应澄清，否则需过滤。

（2）2% 葡萄糖。

（3）2% 果糖。

（4）2% 麦芽糖。

（5）2% 蔗糖（所用蔗糖必须纯净）。

（6）2% 淀粉溶液：将2g可溶性淀粉用10mL蒸馏水调成糊状，加入90mL沸水中煮沸后冷却。

（7）3mol/L H_2SO_4 溶液。

（8）10% Na_2CO_3 溶液。

（9）0.1% 碘液：在1g碘和5g碘化钾中，加入尽可能少的蒸馏水使其溶解，然后用蒸馏水稀释到1000mL。

（10）浓盐酸。

（11）α-萘酚试剂的配制：将10g α-萘酚溶于95%乙醇中，再用同样的乙醇稀释至100mL，贮于棕色瓶中，一般用前才配制。

（12）浓硫酸。

（13）间-苯二酚-盐酸试剂的配制：将0.05g间-苯二酚溶于50mL浓盐酸中，再用蒸馏水稀释至100mL。

2. 器材

水浴锅、试管、移液管等仪器。

【实验操作】

1. 糖的还原性

取5支大试管，编号后各加入1mL班氏试剂，再分别加入2%葡萄糖、2%果糖、2%麦芽糖、2%蔗糖和2%淀粉溶液各10滴。振荡后，将试管用橡皮筋捆好放入沸水浴中，加热3~5min，观察那几个试管中生成砖红色沉淀。

2. 蔗糖的水解

取2支大试管，各加入2%蔗糖溶液1mL，然后于一支试管中加入3mol/L H_2SO_4 2滴，将此支试管置于沸水浴中加热5~10min，冷却后，用10% Na_2CO_3 中和，直到没有气泡发生为止。将两支试管各加入班氏试剂1mL，再在沸水浴中加热3~5min，观察并比较两管的结果。

3. 淀粉与碘的作用

取1支大试管加10滴2%淀粉溶液和1滴0.1%碘液，观察呈现的颜色。然后将此试管放入沸水浴中加热5~10min，观察有何现象。取出试管，放置冷却，又有何变化，为什么？

4. 淀粉的水解

取1支大试管，加2%淀粉溶液2mL，再加入浓盐酸3滴，在沸水浴中加热10~15min，加热时每隔1~2min取出1滴反应液，置于白瓷滴板上，加1滴碘液，注意观察其颜色的变化过程，直到无蓝色出现为止。取出试管，冷却后，用10% Na_2CO_3 中和，直到没有气泡发生为止，加入班氏试剂5~10滴，然后在沸水浴中加热3~5min，观察结果。

5. 糖的颜色反应

（1）α-萘酚反应：取4支小试管，分别加入2%葡萄糖、2%果糖、2%蔗糖和2%淀粉溶液1mL，然后各加入新配制的α-萘酚试剂2滴，混合均匀后，将试管倾斜沿管壁徐徐注入浓硫酸各1mL，切勿摇动。然后竖起试管，静置10min，观察两液界面之间出现紫色环。如无紫色环生成，可在水浴中温热后再进行观察。

（2）间-苯二酚反应：取4支大试管，分别加入间-苯二酚-盐酸试剂1mL，然后在三支试管中各加入2%葡萄糖、2%果糖、2%蔗糖溶液5滴，第4支试管留作对照。将4支试管摇匀后，同时放入水浴中加热2min，观察各管出现颜色的顺序。

【思考题】

（1）可用何种颜色反应鉴别酮糖的存在？

（2）α-萘酚反应的原理是什么？

实验四十　血糖的定量测定（福林－吴宪法）

【实验目的】

（1）掌握 Folin－Wu 法测定血糖含量的原理和方法。

（2）学会无蛋白血滤液的制备。

【实验原理】

无蛋白血滤液与碱性硫酸铜试剂混合加热后，滤液内的葡萄糖将两价的高铜 $[Cu(OH)_2]$ 还原为一价的低铜 (Cu_2O)。再加磷钼酸试剂后，生成蓝色的化合物钼蓝。与同样处理之标准管比色，即可求得血液中葡萄糖的含量。

测定血糖时必须先除去蛋白质，再进行检测。向全血中加入钨酸钠、硫酸，氢氧化锌，三氯乙酸等均可制得无蛋白滤液。本实验选用钨酸法：钨酸钠与硫酸作用生成钨酸，可使血红蛋白等凝固、沉淀，过滤或离心除去沉淀即得无蛋白滤液。此种滤液还适用于无蛋白氮、肌酸、尿酸等的测定。

$$Na_2CO_3 + H_2O = NaOH + NaHCO_3$$
$$NaOH + CuSO_4 = Cu(OH)_2 + Na_2SO_4$$
$$C_6H_{12}O_6 + 2Cu(OH)_2 \xrightarrow{\triangle} C_5H_{11}O_5COOH + Cu_2O \downarrow$$
$$3Cu_2O + 3H_3PO_4 \cdot 2MoO_3 \cdot 12H_2O \longrightarrow 6CuO + 3H_3PO_4 \cdot Mo_2O_3 \cdot 12H_2O$$
$$\text{磷钼酸} \qquad\qquad\qquad\qquad \text{钼蓝（蓝色）}$$

【试剂仪与器材】

1. 试剂

（1）碱性铜溶液：无水碳酸钠 40.0g，溶于蒸馏水约 400mL 中；酒石酸 7.5g，溶于蒸馏水约 300mL 中；结晶硫酸铜 4.5g，溶于蒸馏水约 200mL 中。分别加热使之溶解，冷却后将酒石酸溶液倒入碳酸钠溶液中，再将硫酸铜溶液倒入，补加蒸馏水至 1000.0mL。

（2）磷钼酸试剂：将氢氧化钠 40.0g 溶于蒸馏水约 800mL 中，再加钼酸 35.0g 及钨酸钠 10.0g。为除去钼酸内可能存在的残氮，煮沸 20～50min，冷却后，置 1000mL 量瓶内，并以少量蒸馏水多次冲洗原容器壁，一并倾入量瓶，加入 80% 浓磷酸 250.0mL 后，以蒸馏水稀释至 1000.0mL 混匀。

（3）0.25% 苯甲酸（又名安息香酸）溶液：苯甲酸 2.5g，溶于煮沸的蒸馏水 1000.0mL，使成饱和溶液。

（4）葡萄糖标准贮存液（10mg/mL）：精确称取纯葡萄糖 1.0g，置于 100mL 容量瓶内，加入 0.25% 苯甲酸至刻度处。

（5）葡萄糖标准应用液（0.1mg/mL）：精确吸取葡萄糖标准贮存液 1.0mL，置于 100mL 容量瓶中，用 0.25% 苯甲酸稀释至刻度处。

（6）10% 钨酸钠溶液。

（7）0.333mol/L 硫酸溶液。

2. 器材

分光光度计、血糖管、奥氏吸管、水浴锅、漏斗等。

3. 材料

动物血液。

【实验操作】

1. 无蛋白血滤液的制备

用奥氏吸管吸取已加抗凝剂的全血 1mL，缓缓放入 20mL 锥形瓶中，加水 7mL，摇匀，血液变成红色透明时加 10% 钨酸钠 1mL，摇匀，再加 0.333mol/L 硫酸 1mL，随加随摇，加完放置 5～15min，至沉淀由鲜红变为暗棕色，滤纸过滤。每毫升无蛋白血滤液相当于 0.1mL 全血。

2. 血糖的测定

取血糖管 3 支，编号，用奥氏吸管吸取无蛋白血滤液 1.0mL，放入第一支血糖管中；于第二支血糖管中加 1.0mL 标准葡萄糖溶液；第三支血糖管中加 1.0mL 蒸馏水。然后各加 2mL 碱性硫酸铜溶液，同时置沸水浴内煮 8min，取出在流水中迅速冷却，各加入 2mL 磷钼酸钼酸盐溶液，以蒸馏水稀释至刻度，混匀后放置 3min，倒入比色杯，用分光光度计于 620nm 波长比色（先以空白管调节零点，然后测标准管和样品管的吸光度）。

3. 计算

按下式计算 100mL 全血中所含的血糖质量（mg）。

$$葡萄糖（mg/100mL） = \frac{测定管吸光度}{标准管吸光度} \times 0.1 \times \frac{100}{0.1} = \frac{测定管吸光度}{标准管吸光度} \times 100$$

【注意事项】

（1）欲得准确结果，所取血液的量必须准确。如果由奥氏吸管中放出血液的速度太快，会有大量血液粘在吸管内壁，容量不准，所以一般放出 1mL 血液所用的时间不应少于 1min。

（2）碱性铜溶液如有红黄色沉淀，不宜应用。

（3）血液标本不能放置过久，否则血糖易分解，致使血糖偏低。如不能及时操作，应先制成无蛋白血滤液，放入冰箱保存。

（4）严格掌握煮沸的温度和时间。待水沸腾时放入血糖管，并开始计算时间，若温度不够，不能形成氧化低铜，显色浅，使测定结果偏低。若煮沸时间过长，则颜色深暗，使测定结果偏高。煮沸后取出，放入冷水中冷却时，不可动摇，以防已还原的氧化低铜被空气中的氧氧化，使结果偏高。

（5）用本法测定的血糖量，并非全部都是葡萄糖，还含有其他还原物质，如双糖，肌酐，尿酸及谷胱甘肽等，此类物质约占 10%～20%，因此用此法所测的数值要比实际数值高。

（6）磷钼酸试剂出现蓝色，表示试剂已变质，应重新配制。

实验四十一 总糖和还原糖测定（3，5 - 二硝基水杨酸法）

【实验目的】

（1）掌握总糖和还原糖定量测定的原理和方法。

（2）熟悉标准曲线的制作方法。

【实验原理】

还原糖是指含有自由醛基（如葡萄糖）或酮基（如果糖）的单糖和某些二糖（如乳糖和麦芽糖）。在碱性溶液中，还原糖能将 Cu^{2+}、Hg^{2+}、Fe^{3+}、Ag^+ 等金属离子还原，而糖本身被氧化成糖酸及其它产物。糖类的这种性质常被用于糖的定性和定量测定。

在 NaOH 和丙三醇存在下，3，5 - 二硝基水杨酸（DNS）与还原糖共热后被还原生成氨基化合物。在过量的 NaOH 碱性溶液中此化合物呈橘红色，在 540nm 波长处有最大吸收，在一定的浓度范围内，还原糖的量与光吸收值呈线性关系，故利用比色法可测定样品中的含糖量。

（DNS）　　　　　　　（3 - 氨基 - 5 - 硝基水杨酸）

【试剂与器材】

1. 试剂

（1）3，5 - 二硝基水杨酸（DNS）试剂：称取 6.5g DNS 溶于少量热蒸馏水中，溶解后移入 1000mL 容量瓶中，加入 2mol/L 氢氧化钠溶液 325mL，再加入 45g 丙三醇，摇匀，冷却后定容至 1000mL。

（2）葡萄糖标准溶液：准确称取干燥恒重的葡萄糖 100mg，加少量蒸馏水溶解后，以蒸馏水定容至 100mL，即含葡萄糖为 1.0mg/mL。

（3）6mol/L HCl：取 250mL 浓 HCl（35% ~38%）用蒸馏水稀释到 500mL。

（4）6mol/L NaOH：称取 120g NaOH 溶于 500mL 蒸馏水中。

（5）0.1% 酚酞指示剂。

（6）碘 - 碘化钾溶液：称取 5g 碘，10g 碘化钾溶于 100mL 蒸馏水中。

2. 器材

电炉、分光光度计、试管、大离心管或玻璃漏斗、烧杯、三角瓶、容量瓶、刻度吸管、沸水浴、离心机（过滤法不用此设备）、电子天平。

3. 材料

淀粉或马铃薯。

【实验操作】

1. 葡萄糖标准曲线制作

取 7 支试管，按下表加入 1.0mg/mL 葡萄糖标准液和蒸馏水。

管　号	0	1	2	3	4	5	6
葡萄糖标准液/mL	0	0.1	0.2	0.4	0.6	0.8	1.0
蒸馏水/mL	1.0	0.9	0.8	0.6	0.4	0.2	–
3，5－二硝基水杨酸试剂/mL	2.0	2.0	2.0	2.0	2.0	2.0	2.0
相当葡萄糖量/mg	0	0.1	0.2	0.4	0.6	0.8	1.0

上述试管混匀后于沸水浴中加热 2min 进行显色，取出后用流动水迅速冷却，各加入蒸馏水 9.0mL，摇匀，在 540nm 波长处测定光吸收值。以葡萄糖含量（mg/mL）为横坐标，光吸收值为纵坐标，绘制标准曲线。

2. 样品中还原糖的提取

准确称取 0.5g 淀粉，放在 100mL 烧杯中，先以少量蒸馏水调成糊状，然后加入约 40mL 蒸馏水，混匀，于 50℃恒温水浴中保温 20min，不时搅拌，使还原糖浸出。过滤，将滤液全部收集在 50mL 的容量瓶中，用蒸馏水定容至刻度，即为还原糖提取液。

3. 样品总糖的水解及提取

准确称取 0.5g 淀粉，放在大试管中，加入 6 mol/L HCl 10mL，蒸馏水 15mL，在沸水浴中加热 0.5h，取出 1~2 滴置于白瓷板上，加 1 滴 I－KI 溶液检查水解是否完全。如已水解完全，则不呈现蓝色。水解毕，冷却至室温后加入 1 滴酚酞指示剂，以 6mol/L NaOH 溶液中和至溶液呈微红色，并定容到 100mL，过滤，取滤液 10mL 于 100mL 容量瓶中，定容至刻度混匀，即为稀释 1000 倍的总糖水解液，用于总糖测定。

4. 样品中含糖量的测定

取 6 试管，分别按下表加入试剂：

项目	还原糖			总糖		
	1	2	3	4	5	6
样品溶液/mL	1	1	1	1	1	1
3，5－二硝基水杨酸/mL	2	2	2	2	2	2
A_{540}						

加完试剂后，于沸水浴中加热 2min 进行显色，取出后用流动水迅速冷却，各加入蒸馏水 9.0mL，摇匀，在 540nm 波长处测定光吸收值。测定后，取样品的光吸收平均值在标准曲线上查出相应的糖含量。

【结果处理】

按下式计算出样品中还原糖和总糖的百分含量：

$$还原糖（以葡萄糖计）\% = \frac{C \times V}{m \times 1000} \times 100$$

$$总糖（以葡萄糖计）\% = \frac{C \times V}{m \times 1000} \times 100$$

式中　C——标准曲线上查得的还原糖或总糖提取液的浓度，mg/mL；

　　　V——还原糖或总糖提取液的总体积，mL；

m——样品质量，g；

1000——mg 换算成 g 的系数。

实验四十二　肝糖原的提取与鉴定

【实验目的】

（1）了解肝糖原的性质并掌握其提取方法。

（2）熟悉肝糖原的鉴定方法。

【实验原理】

糖原储存于细胞内，采用研磨、匀浆等方法可使细胞破碎，低浓度的三氯醋酸能使蛋白质变性，而糖原仍稳定地保留于上清液中，从而使糖原与蛋白质等其它成分分离开。糖原不溶于乙醇而溶于热水，故先用 90% 的乙醇将糖原沉淀，再溶于热水中，使糖原纯化。糖原水溶液呈乳样光泽，遇碘呈红棕色，这是糖原中葡萄糖长链形成的螺旋中依靠水分子间引力吸附碘分子后呈现的颜色。此螺旋链吸附碘产生的颜色与葡萄糖残基数的多少有关。葡萄糖残基在 20 个以下的使碘呈红色，20～30 个呈紫色，60 个以上会使碘呈现蓝色，淀粉中分枝链较长，故呈现蓝色，而糖原分支中的葡萄糖残基在 20 个以下（通常为 8～12 个葡萄糖残基），吸附碘后呈现红棕色。糖原在浓酸中可水解成为葡萄糖，浓 H_2SO_4 能使后者进一步脱水成糖醛衍生物 5-羟甲基呋喃甲醛，此化合物再和蒽酮作用形成蓝绿色化合物，在 620nm 有最大吸收值，可借此进行比色测定。

【试剂与器材】

1. 试剂

（1）0.9% NaCl。

（2）5% 三氯醋酸。

（3）95% 乙醇。

（4）碘试剂：碘 100mg、碘化钾 200mg 溶解于 30mL 蒸馏水中。

（5）标准葡萄糖溶液：0.5mL 相当于 50μg 葡萄糖。

（6）蒽酮重结晶：6g 市售蒽酮溶于 300mL 无水乙醇中，加热至完全溶解。加蒸馏水直到结晶不再析出为止，放冰箱过夜，抽滤得淡黄色结晶，置棕色瓶内，放入干燥器内，备用。

（7）蒽酮配制试剂：取结晶蒽酮 0.05g 及硫脲 1g，溶于 66% 硫酸 100mL 中，加热溶解，置棕色瓶中，冰箱中可存两星期。

2. 器材

研钵、离心机、离心管、电炉、pH 试纸、滤纸、试管等。

3. 材料

新鲜动物肝脏。

【实验操作】

1. 糖原的提取

（1）准确称取 1g 肝脏，0.8% NaCl 冲洗，吸去多余水分。

（2）在研钵中将肝脏组织剪碎，加入5%三氯醋酸2mL，将肝组织研磨至糜状，经滤纸过滤入刻度离心管中。再用蒸馏水3mL洗残渣两次，最后加入蒸馏水使总体积达到5.0mL。

（3）取滤液2mL于另一离心管中，加入95%乙醇2mL，混匀后静置10min，离心（3000r/min）5min，弃去上清液，白色沉淀即为糖原。

2. 糖原的鉴定

（1）加蒸馏水2mL于糖原沉淀中，沸水浴加热5min使糖原溶解，可见有乳样光泽。

（2）取糖原水溶液2滴于白瓷皿中，加入碘试剂1滴，观察颜色变化。

3. 糖原的定量

（1）取滤液0.5mL加蒸馏水4.5mL为滤液稀释液。

（2）取糖原水溶液0.5mL加蒸馏水4.5mL为糖原水溶液稀释液。

（3）取试管4支，标记，按下表操作：

管号	1	2	3	4
样 品/mL	滤液稀释液 0.5	糖原稀释液 0.5	标准葡萄糖 0.5	–
蒸馏水/mL	–	–	–	0.5
蒽酮试剂/mL	5.0	5.0	5.0	5.0

混匀，置沸水浴中10min，冷却后以第四管为空白，波长620nm，在分光光度计中比色。并计算糖原含量及提取的得率。

4. 计算

$$糖原含量（\mu g）=\frac{A_{测定管}}{A_{标准管}}\times 标准管葡萄糖含量 \times 1/1.11$$

据此计算每100g肝脏中糖原的含量。

注：1.11为此法测得葡萄糖含量换算为糖原含量的常数，即100μg糖原用蒽酮试剂显色相当于111g葡萄糖所显之色。

【思考题】

（1）鉴定糖原的方法及其原理有哪些?

（2）根据肝组织用量及提取时稀释情况，列出计算肝糖原含量的公式。

实验四十三 果胶的提取

【实验目的】

（1）了解果胶的提取原理和化学性质，掌握果胶的提取方法。

（2）了解果胶的实际用途及方法。

【实验原理】

果胶广泛存在于水果和蔬菜中，如苹果中含量为0.7%~1.5%（以湿品计），在蔬菜中以南瓜含量最多，为7%~17%。果胶的基本结构是以α-1，4糖苷键连接的聚半乳糖醛酸，其中部分羧基被甲酯化，有原果胶、果胶、果胶酸三种形式。

在果蔬中，尤其是未成熟的水果和皮中，果胶多数以原果胶存在。原果胶以金属离子桥与多聚半乳糖醛酸中的游离羧基相结合。原果胶不溶于水，用稀酸水解可生成可溶性果胶，再用乙醇处理时，因果胶失去表面的水化层而凝集成较大的颗粒，经抽滤可得果胶。果胶是亲水胶体物质，具有胶凝性，在食品工业中常用来制作果酱、果冻和糖果，在汁液类食品中作增稠剂、乳化剂。

【试剂与器材】

1. 试剂

（1）0.1mol/L HCl。

（2）95%乙醇。

（3）活性炭。

2. 器材

烧杯、量筒、抽滤装置、尼龙布、电炉等。

3. 材料

柑橘皮、西瓜皮等。

【实验操作】

1. 果胶的提取

（1）原料预处理：称取新鲜柑橘皮20g用清水洗净后，放入250mL烧瓶中，加水120mL，加热至90℃保持5～10min，使酶失去活力。取出果皮，用水冲洗后切成3～5mm的颗粒，再用50℃左右的热水漂洗，直至水为无色、果皮无异味为止。每次漂洗必须把果皮用尼龙布挤干，再进行下一次的漂洗。

（2）酸水解萃取：将预处理过的果皮粒放入烧杯中，加0.1mol/L的盐酸溶液约60mL，以浸没果皮为宜，pH调节至2.0～2.5之间，加热至90℃煮45min，趁热用尼龙布或四层纱布过滤。

（3）脱色：在滤液中加入0.5%～1%的活性炭于80℃加热20min进行脱色和除异味，趁热抽滤。如果柑橘皮漂洗干净萃取液为清澈透明则不用脱色。

（4）沉淀：待萃取液冷却后用稀氨水调节pH3～4。在不断搅拌下加入95%乙醇溶液。加入乙醇的量约为原体积的1.3倍，使酒精浓度达到50%～65%，用玻璃棒搅拌均匀，静置10min，用布氏漏斗吸滤得到果胶沉淀。沉淀用95%乙醇洗涤两次，然后将果胶沉淀移到滤纸上吸干。

（5）干燥：将上述所得果胶转移到表面皿上，置于干燥器中自然干燥，也可在70℃以下烘干。

2. 柠檬酸果酱的制备

（1）将果胶0.2g浸泡于20mL水中，软化后在搅拌下慢慢加热至果胶全部溶解。

（2）加入柠檬酸0.1g、柠檬酸钠0.1g和20g蔗糖，在搅拌下加热至沸腾，继续熬煮5min，冷却后即成果酱。

【注意事项】

（1）脱色中如抽滤困难可加入2%～4%的硅藻土作助滤剂。

（2）湿果胶用无水乙醇洗涤，可进行 2 次。

【思考题】

（1）从橘皮中提取果胶时，为什么要加热使酶失活？

（2）沉淀果胶除用乙醇外，还可用什么试剂？

（3）在工业上，可用什么果蔬原料提取果胶？

实验四十四　糖酵解产物乳酸的测定

【实验目的】

（1）了解糖酵解过程，掌握乳酸的测定方法。

（2）理解糖酵解产物测定的生理意义。

【实验原理】

　　组织中的葡萄糖或糖原在缺氧条件下，在酶的催化作用下分解成乳酸的过程称为糖酵解。糖酵解是机体供能的一种重要过程。在供氧充分的情况下，组织内糖酵解的产物能继续分解完全氧化成二氧化碳和水，因此在进行糖酵解实验时，反应体系必须与空气隔绝方可检出乳酸的生成。在体外实验，可用淀粉代替价格昂贵的糖原。

　　糖酵解产生的乳酸，在除去反应体系中的蛋白质及糖后，与硫酸共热即生成乙醛，后者可与对苯基苯酚呈色，然后用比色法测得乳酸的生成量。

【试剂与器材】

1. 试剂

（1）pH8.0 磷酸缓冲液：取 0.2mol/L Na_2HPO_4 94.7mL，加 0.2mol/L NaH_2PO_4 5.3mL，用蒸馏水稀释至 200mL。

（2）0.5% 淀粉溶液。

（3）液体石蜡。

（4）氢氧化钙。

（5）饱和硫酸铜。

（6）12% 硫酸铜溶液。

（7）浓硫酸。

（8）乳酸标准溶液（10μm/mL）：精确称取乳酸钙 1.211g，溶于蒸馏水，并稀释至 1000mL，即为 1mg/mL 乳酸；临用前再将此溶液稀释 100 倍，即为 10μm/mL 的乳酸标准溶液。浓溶液须置于冰箱内保存。

（9）1.5% 对苯基苯酚溶液：取对苯基苯酚 1.5g，加于 10mL 5% NaOH 溶液中，用少量蒸馏水稀释并不断振摇使其溶解，如溶解不完全可用温水保温，待完全溶解后冷至室温，再稀释至 100mL。用棕色瓶保存。

2. 器材

分光光度计、电炉、漏斗、试管、玻璃棒等。

3. 材料

动物肌肉。

【实验操作】

（1）将动物处死后立即取下肌肉，用台秤称取重量，然后按每克肌肉加 3mL 生理盐水的比例用匀浆器制成匀浆。

（2）取干试管 2 支，标号（1 号管即对照管、2 号管即酵解管），各加磷酸缓冲液 2mL。向 1 号管加蒸馏水 2mL，向 2 号管加 0.5% 淀粉溶液 2mL。

（3）两管各加入肌肉匀浆 0.2mL，混匀后再各加入一层液体石蜡（约 2～3mm 厚），将 1 号管立即放在沸水浴中煮沸 5min，以破坏酶的活力。

（4）将两管均置于 37℃ 水浴保温 1.5h，然后再移至沸水浴煮沸 5min。

（5）向两管各加固体氢氧化钙 0.5g 及饱和硫酸铜溶液 2mL（目的是除去反应体系中的糖类及其它干扰物质）。用玻璃棒充分搅拌，并放置 30min（在放置期间亦应经常搅动均匀）。

（6）用滤纸过滤（滤纸和漏斗都应是干的），将滤液收集于两支相同编号的干试管中。

（7）自每管中各取滤液 0.5mL，分别置于两试管中，各加蒸馏水 0.5mL。另取一支试管，内加乳酸标准液 1mL，作为标准管。向三管中各加入 12% 硫酸铜溶液 0.05mL（1 滴），并在冷水浴中冷却 3min，然后向各管加浓硫酸 6mL，混匀。

（8）将三管置于 60℃ 水浴中保温 30min，此时乳酸已氧化成乙醛。

（9）保温后将试管在冷水浴中冷却 3min，向三管各加对苯基苯酚溶液 0.1mL，充分混匀。注意加对苯基苯酚试剂时，必须在接近试管液面处加入，以防对苯基苯酚析出附着在管壁的上方。

（10）在室温静置 20min 后，于 60～70℃ 水浴中保温 3min，此时即出现紫色。选用 520nm 的单色光，以蒸馏水调零，测定三管的吸光度，计算对照管及酵解管中的乳酸含量。

【结果处理】

$$乳酸含量（mg/100mL）= \frac{测定管吸光度}{标准管吸光度} \times C_{标} \times 稀释倍数 \times 100$$

【思考题】

试分析测定乳酸含量的生理意义。

第十一章 脂 类 实 验

实验四十五 粗脂肪的定量测定（索氏抽提法）

【实验目的】

（1）学习和掌握粗脂肪提取的原理和测定方法。

（2）熟悉和掌握重量分析法的基本操作要点。

【实验原理】

脂肪不溶于水，易溶于乙醚、石油醚和氯仿等有机溶剂。根据这一特性，选用低沸点的乙醚（沸点35℃）或石油醚（沸点30～60℃）作溶剂，用索氏提取器可对样品中的脂肪进行反复萃取，提取样品中的脂肪后，蒸发去除溶剂，所得的物质即为脂肪或称粗脂肪。由于有机溶剂从样品中抽提出的不单纯为脂肪，还含有其他脂溶性成分，因此本实验测定的结果应为粗脂肪的含量。

索氏抽提器由浸提管、抽提瓶和冷凝管三部分连接而成，如图11－1所示。浸提管两侧有虹吸管及通气管，装有样品的滤纸包放在浸提管内，溶剂加入抽提瓶中。当加热时，溶剂蒸气经通气管至冷凝管，冷凝后的溶剂滴入浸提管对样品进行浸提。当浸提管中溶剂高度超过虹吸管高度时，浸提管内溶有脂肪的溶剂即从虹吸管流入抽提瓶。如此经过多次反复抽提，样品中脂肪逐渐全部浓集在抽提瓶中。抽提完毕，利用样品滤纸包脱脂前后减少的重量来计算样品的脂肪含量。

【试剂与器材】

1. 试剂

无水乙醚。

2. 器材

索氏提取器、恒温水浴锅、烘箱、干燥器、脱脂滤纸、脱脂棉、脱脂线等。

3. 材料

谷物油料种子或其它样品。

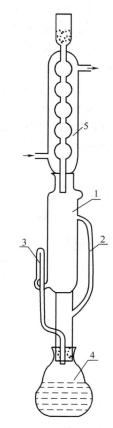

图11－1 索氏提取器

1—提取管 2—通气管 3—虹吸管

4—盛醚管 5—冷凝管

【实验操作】

1. 操作前准备

将索氏提取器各部分充分洗涤并用蒸馏水清洗后烘干。脂肪烧瓶在105℃的烘箱内干燥至恒重。（前后两次称量差不超过2mg）。

2. 样品预处理

称取2~4g已粉碎、过40目筛的样品原料，用滤纸包好（不可扎得太紧，以样品不散漏为宜），在烘箱100~105℃条件下烘干至恒重，准确称重。

3. 样品提取和测定

将烘干称重的滤纸包放入干燥的浸提管内，滤纸的高度不能超过虹吸管顶部。浸提管上部连接冷凝管，并用一小团脱脂棉轻轻塞入冷凝管上口；浸提管下部连接抽提瓶，抽提瓶中加入约瓶体1/2的无水乙醚，并置于恒温水浴锅中。打开冷却水，开始加热抽提。加热的水浴锅温度控制使提取液在每6~8min回流一次为宜。抽提时间为6~10h，以浸提管内乙醚滴在滤纸上不显油迹为止。

抽提完毕，移去上部冷凝管，取出滤纸包。再重新连接好冷凝器，在水浴锅上蒸馏回收乙醚。

4. 称量

滤纸包置于烘箱100~105℃烘干溶剂至恒重，准确称重。滤纸包脱脂前后的质量差即为样品中粗脂肪的质量。

【结果处理】

$$粗脂肪（\%）=\frac{m_1-m_2}{m}\times100$$

式中　m_1——抽滤前滤纸包的质量；

　　　m_2——抽滤后滤纸包的质量；

　　　m——样品质量。

【注意事项】

滤纸包置于烘箱烘干溶剂时，为防止醚气燃烧着火，烘箱应先半开门。

实验四十六　卵磷脂的提取及鉴定

【实验目的】

（1）学习和掌握卵磷脂的提取和鉴定方法。

（2）了解卵磷脂的生物学功能、化学性质。

【实验原理】

卵磷脂是甘油磷脂的一种，是细胞膜磷脂双分子层的重要成分。卵磷脂又称磷脂酰胆碱，在动植物体内均有分布，在动物的脑、精液、肝、肾上腺和红细胞中含量较多，蛋黄中含量可达8%~10%。其结构式为：

$$
\begin{array}{c}
\quad\quad\quad\quad O \\
\quad\quad\quad\quad \parallel \\
O \quad\quad CH_2\!-\!O\!-\!C\!-\!R_1 \\
\parallel \quad\quad\quad | \\
R_2\!-\!C\!-\!O\!-\!C\!-\!H \quad\quad O \\
\quad\quad\quad | \quad\quad\quad \parallel \\
\quad\quad\quad CH_2\!-\!O\!-\!P\!-\!CH_2CH_2\overset{+}{N}(CH_3)_3 \\
\quad\quad\quad\quad\quad\quad | \\
\quad\quad\quad\quad\quad\quad O^-
\end{array}
$$

1. 卵磷脂生物学功能

（1）卵磷脂是生物膜的骨架。

（2）卵磷脂是肌体代谢所需能量的来源。

（3）卵磷脂控制肌体脂肪代谢，防止形成脂肪肝（"脂肪肝"是当肝脏脂蛋白不能及时将肝细胞脂肪运出，造成脂肪在肝细胞中的堆积，占据肝细胞的很大空间，影响了肝细胞的机能，甚至使许多肝细胞破坏，结缔组织增生，造成"肝硬变"）。

（4）酶的激活剂：卵磷脂激活 β - 羟丁酸脱氢酶（三种酮体乙酰乙酸，β - 羟丁酸和丙酮）。

2. 卵磷脂的提取

（1）卵磷脂是两性分子，可溶于含少量水的非极性溶剂中（但不易溶于水和无水丙酮），可用含少量的水的非极性溶进行提取。

（2）新提取的卵磷脂为白色蜡状物，与空气接触后，其不饱和脂肪酸链被氧化而呈黄褐色；卵磷脂中的胆碱，在碱性溶液中可分解为三甲胺，而具有特异的鱼腥味，可用于鉴定。

【试剂与器材】

1. 试剂

95% 乙醇、10% NaOH 溶液、丙酮。

2. 器材

电炉、蒸发皿、漏斗一套、酒精灯等。

3. 材料

鸡蛋黄。

【实验操作】

1. 卵磷脂的提取

取蛋黄 2g，置小烧杯内，加入 15mL 热的 95% 乙醇，边加边搅拌，冷却后过滤，如滤液不清，需要重新过滤，直至透明，后将滤液置蒸发皿内在水浴锅中蒸干，干物质即为卵磷脂。

2. 三甲胺试验

取制得的卵磷脂一半，置于试管中，加入 2mL 10% NaOH，置于沸水浴上加热，注意是否产生鱼腥味。

3. 溶解度实验

取剩余的卵磷脂于一小烧杯中，加入 2mL 丙酮，观察是否溶解。

实验四十七　脂肪酸价的测定

【实验目的】

（1）了解测定脂肪酸价的意义。

（2）掌握测定脂肪酸价的原理和操作步骤。

【实验原理】

油脂暴露在空气中一段时间后，在脂肪水解酶或微生物繁殖产生的酶作用下，部分油脂被氧化成游离的脂肪酸，某些低级脂肪酸及醛类有蒜臭味，因此测定脂肪中游离的脂肪酸含量是检查脂肪质量的主要指标。酸价就是中和 1g 油脂所需要氢氧化钾质量（mg），可采用酸碱滴定原理进行测定。脂肪中游离脂肪酸含量越高，酸值越大，脂肪的质量越差。食品工业中用酸价来表示油脂的新鲜、优劣程度。

【试剂与器材】

1. 试剂

（1）乙醚－乙醇混合液：无水乙醚和 95% 乙醇按体积比 1∶1 均匀混合，加酚酞指示剂用 0.01mol/L 氢氧化钾调至中性。

（2）酚酞－乙醇溶液（10g/L）：1.0g 酚酞溶于 100mL 95%（体积比）乙醇。

（3）0.01mol/L 氢氧化钾标准溶液。

2. 器材

锥形瓶、移液管、微量滴定管、水浴锅等。

3. 实验材料

植物油或猪油。

【实验操作】

1. 样品滴定

准确称取约 1.0~2.0g 试样于锥形瓶中，并准确加入 25.0mL 乙醚－乙醇混合液，滴加 1~2 滴酚酞－乙醇指示剂后用 0.01mol/L 的氢氧化钾标准溶液滴定至呈微红色。记下耗用的氢氧化钾溶液体积（V_1）。

2. 空白滴定

取 25.0mL 乙醚－乙醇混合液于锥形瓶中，滴加 1~2 滴酚酞指示剂，用 0.01mol/L 的氢氧化钾溶液滴定至呈微红色，30s 不消褪为止。记下耗用的氢氧化钾溶液体积（V_0）。

【结果处理】

根据滴定结果，酸价按下式计算：

$$酸价 = \frac{(V_1 - V_0) \times c \times 5}{油样重（g）}$$

式中　V_1——滴定试样所耗氢氧化钾溶液体积，mL；

　　　　V_0——滴定空白所耗氢氧化钾溶液体积，mL；

　　　　c——氢氧化钾溶液的准确浓度，mol/L。

实验四十八　脂肪碘值的测定

【实验目的】

（1）了解脂肪碘值测定的原理及意义。

（2）掌握脂肪碘值的测定方法。

【实验原理】

脂肪中，不饱和脂肪酸链上有不饱和键，可与卤素（Cl_2，Br_2，I_2）进行加成反应，不饱和键数目越多，加成的卤素量就越多，通常以"碘值"表示。在一定条件下，每100g脂肪所吸收的碘的质量（g）称为该脂肪的"碘值"。碘值越高。表明不饱和脂肪酸的含量越高，它是鉴定和鉴别油脂的一个重要常数。本实验使用溴化碘（IBr）进行碘值测定。IBr的一部分与不饱和脂肪酸起加成作用，剩余部分与碘化钾作用放出碘，放出的碘用硫代硫酸钠滴定。具体反应过程如下：

加成反应：$—CH \!=\!\!=\!\! CH— + IBr \longrightarrow C_2H_2IBr$

释放碘：$IBr + KI \longrightarrow KBr + I_2$

滴定：$I_2 + 2Na_2SO_4 \longrightarrow 2NaI + Na_2S_4O_6$

【试剂和器材】

1. 试剂

（1）溴化碘溶：取12.2g碘，放入1500mL锥形瓶内，徐徐加入1000mL冰乙酸（99.5%），边加边摇，同时在水浴中加热，使碘溶解。冷却后，加溴约3mL。贮于棕色瓶中。

（2）0.1mol/L标准硫代硫酸钠溶液：取结晶硫代硫酸钠25g，溶于经煮沸后冷却的蒸馏水（无 CO_2）中。添加 Na_2CO_3 约0.2g（硫代硫酸钠溶液在pH9～10时最稳定）。稀释到1000mL后，用标准0.1mol/L碘酸钾溶液按下法标定：准确地量取0.1mol/L碘酸钾溶液20mL、10%碘化钾溶液10mL和1mol/L硫酸20mL，混合均匀。以1%淀粉溶液作为指示剂，用硫代硫酸钠溶液进行标定，按下面所列反应式计算硫代硫酸钠溶液的浓度后，用水稀释至0.1mol/L。

$$KIO_3 + 5KI + 3H_2SO_4 \longrightarrow 3K_2SO_4 + 3I_2 + 3H_2O$$

$$I_2 + 2Na_2S_2O_3 \longrightarrow 2NaI + Na_2S_4O_6$$

（3）纯氯仿。

（4）1%淀粉溶液（溶于饱和氯化钠溶液中）。

（5）10%碘化钾溶液。

2. 器材

碘瓶（或带玻璃塞的锥形瓶）、滴定管（棕色、无色）各1支、吸量管、量筒、天平等。

3. 实验材料

花生油或猪油。

【实验操作】

（1）准确称取 0.3~0.4g 花生油 2 份，置于两个干燥的碘瓶内，切勿使油粘在瓶颈或壁上。加入 10mL 氯仿，轻轻摇动，使油全部溶解。用滴定管仔细地加入 25mL 溴化碘溶液，勿使溶液接触瓶颈。盖好瓶塞，在玻璃塞与瓶口之间加数滴 10% 碘化钾溶液封闭缝隙，以免碘的挥发损失。

（2）在 20~30℃暗处放置 30min，并不时轻轻摇动。30min 后，立刻小心地打开玻璃塞，使塞旁碘化钾溶液流入瓶内，切勿丢失。用 10% 碘化钾 10mL 和蒸馏水 50mL 把玻璃塞和瓶颈上的液体冲洗入瓶内，混匀。

（3）用 0.1mol/L 硫代硫酸钠溶液迅速滴定至浅黄色，再加入 1% 淀粉溶液约 1mL，继续滴定。将近终点时（蓝色很淡），用力振荡，使碘由氯仿层全部进入水溶液内。再滴定至蓝色消失为止，即达滴定终点。

另作 2 份空白对照，除不加样品外，其余操作同上。滴定后，将废液倒入废液缸内，以便回收四氯化碳。

【结果处理】

按下式计算碘值：

$$碘值 = （A-B）\times T \times 100/C$$

式中　A——滴定空白用去的 $Na_2S_2O_3$ 溶液的平均体积，mL；

　　　B——滴定碘化后样品用去的 $Na_2S_2O_3$ 溶液的平均体积，mL；

　　　C——样品的质量，g；

　　　T——1mL 0.1mol/L 硫代硫酸钠溶液相当的碘的质量，g。

【注意事项】

（1）碘瓶必须洗净，干燥，否则瓶中的油中含有水分，引起反应不完全。加入碘试剂后，如发现碘瓶中颜色变成浅褐色时，表明试剂不够，必须再添加 10~15mL 试剂。

（2）如加入碘试剂后，液体变浊，这表明油脂在氯仿中溶解不完全，可再加些。

（3）将近滴定终点时，用力振荡是本滴定成败的关键之一，否则容易滴过头或不足。如振荡不够，氯仿层会出现紫色或红色。此时应当用力振荡，使碘进入水层。

第十二章 其它实验

实验四十九 水分的测定

【实验目的】

掌握水分测定的方法及原理。

测定样品中水分含量的方法主要有直接干燥法、减压干燥法、蒸馏法和卡尔费休容量法等。本实验主要介绍直接干燥法和减压干燥法。

I 直接干燥法

【实验原理】

本方法适用于不含或含其它挥发性物质甚微的谷物及其制品、水产品、豆制品、乳制品、肉制品及卤菜制品等样品中水分的测定，不适用于水分含量小于 0.5g/100g 的样品。饲料中水分测定也常采用此方法。

利用样品中水分的物理性质，在 101.3kPa（一个大气压），温度 101～105℃蒸发的物理性质，采用挥发方法，测定样品中干燥减少的重量（包括吸湿水、部分结晶水和该条件下能挥发的物质），再通过干燥前后的称量数值计算出水分的含量。

【试剂与器材】

1. 试剂

除非另有规定，本方法中所用试剂均为分析纯。

（1）盐酸：优级纯。

（2）氢氧化钠（NaOH）：优级纯。

（3）盐酸溶液（6mol/L）：量取 50mL 盐酸，加水稀释至 100mL。

（4）氢氧化钠溶液（6mol/L）：称取 24g 氢氧化钠，加水溶解并稀释至 100mL。

（5）海砂：取用水洗去泥土的海砂或河砂，先用盐酸煮沸 0.5h，用水洗至中性；再用氢氧化钠溶液煮沸 0.5h，用水洗至中性，经 105℃干燥备用。

2. 器材

电热恒温干燥箱、干燥器、电子天平。

【实验操作】

1. 固体试样

取洁净铝制或玻璃制的扁形称量瓶，置于 101～105℃干燥箱中，瓶盖斜支于瓶边，加热 1.0h，取出盖好，置干燥器内冷却 0.5h，称量。重复干燥至前后两次质量差不超过 2mg，即为恒重。将混合均匀的试样迅速磨细至颗粒小于 2mm，不易研磨的样品应尽可能切碎，称取 2 ~ 10g 试样（精确至 0.0001g），放入此称量瓶中，试样厚度不超过 5mm，如为疏松试样，厚度不超过 10mm，加盖，精密称量后，置 101 ~ 105℃ 干燥箱中，瓶盖斜支于瓶边，干燥 2 ~ 4h 后，盖好取出，放入干燥器内冷却 0.5h 后称量。然后再放入 101 ~ 105℃ 干燥箱中干燥 1h 左右，取出，放入干燥器内冷却 0.5h 后再称量。重复以上操作至前后两次质量差不超过 2mg，即为恒重。

注：两次恒重值在最后计算中，取最后一次的称量值。

2. 半固体或液体试样

取洁净的蒸发皿，内加 10g 海砂及一根小玻棒，置于 101 ~ 105℃ 干燥箱中，干燥 1.0h 后取出，放入干燥器内冷却 0.5h 后称量，并重复干燥至恒重。然后称取 5 ~ 10g 试样（精确至 0.0001g），置于蒸发皿中，用小玻棒搅匀放在沸水浴上蒸干，并随时搅拌，擦去皿底的水滴，置 101 ~ 105℃ 干燥箱中干燥 4h 后盖好取出，放入干燥器内冷却 0.5h 后称量。然后再放入 101 ~ 105℃ 干燥箱中干燥 1h 左右，取出，放入干燥器内冷却 0.5h 后再称量。并重复以上操作至前后 2 次质量差不超过 2mg，即为恒重。

【结果处理】

试样中水分的含量按式（1）进行计算：

（1）水分（%）= 105℃烘干前后质量之差（g）/样本质量（g）×100

$$= (m_2 - m_3 / m_2 - m_1) \times 100$$

（2）风干样本中 105℃ 干物质（%）= 105℃ 干物质质量（g）/样本质量（g）×100

$$= 1 - (m_2 - m_3 / m_2 - m_1) \times 100$$

式中　　m_1——称量盒重，g；

m_2——101 ~ 105℃烘干前称量盒重（g）+ 风干样本重（g）；

m_3——101 ~ 105℃烘干后称量盒重（g）+ 风干样本重（g）。

Ⅱ　减压干燥法

【实验原理】

减压干燥法适用于糖、味精等易分解的食品中水分的测定，不适用于添加了其它原料的糖果，如奶糖、软糖等试样的测定，同时该法也不适用于水分含量小于 0.5g/100g 的样品。

利用食品中水分的物理性质，在达到 40 ~ 53kPa 压力后加热至（60 ± 5）℃，采用减压烘干方法去除试样中的水分，再通过烘干前后的称量数值计算出水分的含量。

【试剂与器材】

真空干燥箱、扁形铝制或玻璃制称量瓶、干燥器、天平（感量为 0.1mg）等。

【实验操作】

1. 试样的制备

粉末和结晶试样直接称取；较大块硬糖经研钵粉碎，混匀备用。

2. 测定

取已恒重的称量瓶称取约 2 ~ 10g（精确至 0.0001g）试样，放入真空干燥箱内，将真空干燥箱连接真空泵，抽出真空干燥箱内空气（所需压力一般为 40 ~ 53kPa），并同

时加热至所需温度 $60 \pm 5℃$。关闭真空泵上的活塞，停止抽气，使真空干燥箱内保持一定的温度和压力，经 4h 后，打开活塞，使空气经干燥装置缓缓通入至真空干燥箱内，待压力恢复正常后再打开。取出称量瓶，放入干燥器中 0.5h 后称量，并重复以上操作至前后两次质量差不超过 2mg，即为恒重。

3. 结果处理

结果处理同直接干燥法。

实验五十　血清无机磷的定量测定

【实验目的】

（1）掌握测定血清无机磷的原理和操作步骤。

（2）熟悉分光光度计的使用方法。

（3）学会制备无蛋白滤液。

【实验原理】

用三氯醋酸沉淀血清之蛋白质，于其无蛋白滤液中加入钼酸试剂后，与血清的无机磷结合生成磷钼酸，再用氯化亚锡将磷钼酸还原成蓝色的钼蓝，其蓝色之深浅与血清无机磷的含量成正比。与同样处理的磷标准溶液比色后，通过计算即可求出血清无机磷的含量。

$$钼酸试剂 + 磷酸 \longrightarrow 磷钼酸$$

$$磷钼酸 \xrightarrow[还原]{氯化亚锡} 钼蓝色（呈蓝色）$$

【试剂与器材】

1. 试剂

（1）10% 三氯醋酸。

（2）磷标准溶液：$0.8\mu g/mL$ 称取 2.194g 纯 KH_2PO_4 溶于已盛有约 100mL 蒸馏水的 500mL 的量瓶中，加入 10mL 5mol/L 硫酸，摇匀，再用蒸馏水稀释至刻度，反复倒转几次摇匀。此液为标准无机磷贮存液，每毫升含磷 1mg。向标准无机磷贮存液中加入氯仿 10mL，用力振荡，使氯仿在贮存液中饱和，如此可防止因细菌的生长而使标准磷的含量下降，取该贮存液 0.8 毫升用蒸馏水稀释至 1000mL，即配成每毫升含磷 $0.8\mu g$ 的标准应用液。

（3）钼酸试剂：称取 5g 钼酸铵，溶于 10mL 蒸馏水内，再加 15mL 浓硫酸，待冷却后，加蒸馏水至 100mL。

（4）氯化亚锡溶液：称取 2g 氯化亚锡溶于 5mL 浓盐酸中，保存于棕色瓶内，贮冰箱，此液称为氯化亚锡原液。在每次实验前，取该溶液 0.5mL，用蒸馏水稀释至 100mL。该液贮于冰箱，但只能应用 2~3 天。

2. 器材

分光光度计、三角瓶、试管等。

【实验操作】

（1）取小三角瓶一个，加入血清 0.2mL，10% 三氯醋酸 9.8mL，混合后，静置

5min，过滤，将滤液保留一试管中备用。

试剂/mL	1（空白管）	2（标准管）	3（测定管）
血滤液	–	–	4.0
蒸馏水	4.0	–	–
磷标准溶液	–	4.0	–
钼酸试剂	1.0	1.0	1.0
氯化亚锡溶液	0.5	0.5	0.5

（2）取三支试管，标明1、2、3号，按上表操作。

（3）将各管摇匀后，于室温中静置10min，以1号管内溶液作空白，在660nm波长进行比色，记录2、3号管内溶液的吸光度读数分别为 $A_标$、$A_测$。

【结果处理】

每100mL血清中无机磷的含量（mg）：

$$无机磷的含量（mg/100mL）= \frac{测定管吸光度}{标准管吸光度} \times C_标 \times 稀释倍数 \times 100$$

正常血清无机磷的含量为 3~5mg/100mL。在甲状旁腺机能减退、维生素 D 缺乏时，血清无机磷的含量可降低；在肾功能不全时，可以使血清无机磷的含量升高。故临床上测定血清无机磷含量，有助于有关疾病的诊断。

【注意事项】

（1）血液样品必须新鲜，不能有溶血现象，否则，血球内大量的有机磷进入血清，影响结果。如血液样品久置不分离，血球之中有机磷经酶的作用可变为无机磷，然后通过红血球膜进入血清中，也会导致测定结果过高。

（2）用三氯醋酸沉淀蛋白质，滤液呈较强酸性，使磷酸盐不致沉淀，并抑制有机磷化合物的分解。

（3）滤纸应先用稀盐酸洗涤，否则滤纸上的磷影响测定结果。

（4）氯化亚锡有还原作用（本身不稳定，易被氧化），实验时须临时配制应用液。

实验五十一　血清钙测定（EDTA – Na$_2$滴定法）

【实验目的】

（1）了解血清离子钙在人体营养学上的意义及其在生理学上的重要性。

（2）掌握 EDTA 滴定法测定血清离子钙的原理和方法。

【实验原理】

血清中的钙离子在碱性溶液中与钙红指示剂结合成可溶性的络合物，使溶液显红色。乙二胺四乙酸二钠（简称 EDTA 二钠）对钙离子的亲和力大，能与该络合物中的钙离子结合，使指示剂重新游离在碱性溶液中显蓝色。故以 EDTA 二钠滴定时，溶液由红色变为蓝色时，即表示终点达到。以同样方法滴定已知钙含量的标准液，从而计算出血清标本中钙的含量。

【试剂与器材】

1. 试剂

（1）钙标准液（1mL 相当于 0.1mg 钙）：取碳酸钙少量，置蒸发皿中，于 110 ~ 120℃干燥 2 ~ 4h，移入硫酸干燥器中冷却。精确称取干燥碳酸钙 250.0mg 于烧杯中，加蒸馏水 40mL 及 1mol/L 盐酸 5mL 溶解，移入 1000.0mL 容量瓶，以蒸馏水洗烧杯数次，洗液一并倾入容量瓶，加蒸馏水稀释至 1000.0mL。

（2）EDTA 钠溶液：乙二胺四乙酸二钠 150.0mg，1mol/L 氢氧化钠溶液 2.0mL，蒸馏水加至 1000.0mL。

（3）钙红指示剂：称取钙红 0.1g，溶于甲醇 20.0mL 中。

（4）0.2mol/L 氢氧化钠液。

2. 器材

50mL 酸碱式滴定管、25mL 烧杯、微量加样器、50mL 锥形瓶。

【实验操作】

（1）取血清 0.2mL 放入 25mL 烧杯中；

（2）加 0.2mol/L 氢氧化钠 4mL 和钙红指示剂 3 滴；

（3）以标定过的 EDTA 溶液滴定，直至溶液由红色变为正蓝色为止，记录 EDTA 的用量（mL），V_1；

（4）同时以蒸馏水代替血清作一空白对照，记录 EDTA 的用量 V_0，（mL）。

【结果处理】

$$血清钙含量（mg/dL） = （V_1 - V_0）\times c/0.2 \times 100$$

式中　V_1——样品消耗 EDTA 溶液的体积，mL；

　　　V_0——样品空白消耗 EDTA 溶液的体积，mL。

　　　c ——钙标准液浓度。

【注意事项】

（1）每组样品做 2 ~ 3 个平行实验；

（2）正常参考范围：2.25 ~ 2.75mmol/L（9 ~ 11mg/dL）。

实验五十二　叶绿素含量的测定（分光光度法）

【实验目的】

（1）了解植物组织中叶绿素的分布及性质。

（2）掌握测定叶绿素含量的原理和方法。

【实验原理】

叶绿素广泛存在于果蔬等绿色植物组织中，并在植物细胞中与蛋白质结合成叶绿体。当植物细胞死亡后，叶绿素即游离出来，游离叶绿素很不稳定，对光、热较敏感。在酸性条件下叶绿素生成绿褐色的脱镁叶绿素，在稀碱液中可水解成鲜绿色的叶绿酸盐以及叶绿醇和甲醇。高等植物中叶绿素有两种：叶绿素 a 和 b，两者均易溶于乙醇、乙醚、丙酮和氯仿。

叶绿素的含量测定方法有多种，其中主要有原子吸收光谱法（通过测定镁元素的含量，进而间接计算叶绿素的含量）和分光光度法（利用分光光度计测定叶绿素提取液在最大吸收波长下的吸光值，即可用朗伯－比尔定律计算出提取液中各色素的含量）。

叶绿素 a 和叶绿素 b 在 645nm 和 663nm 处有最大吸收，且两吸收曲线相交于 652nm 处。因此测定提取液在 645nm、663nm、652nm 波长下的吸光值，并根据经验公式可分别计算出叶绿素 a、叶绿素 b 和总叶绿素的含量。

已知 80% 丙酮提取液在波长 663nm 下，叶绿素 a、b 在该溶液中的比吸收系数分别为 82.04 和 9.27，在波长 645nm 下分别为 16.75 和 45.60，可根据加和性原则列出以下关系式：

$$A_{663} = 82.04C_a + 9.27C_b \tag{1}$$

$$A_{645} = 16.75C_a + 45.6C_b \tag{2}$$

式中　A_{663}、A_{645}——波长 663nm 和 645nm 处测定叶绿素溶液的吸光度值；

　　　C_a、C_b——叶绿素 a、b 的浓度（g/L）。

解联立方程（1）、（2）可得以下方程：

$$C_a = 0.0127A_{663} - 0.00269A_{645} \tag{3}$$

$$C_b = 0.0229A_{645} - 0.00468A_{663} \tag{4}$$

如把叶绿素含量单位由 g/L 改为 mg/L，（3）、（4）式则可改写为：

$$C_a（mg/L）= 12.7A_{663} - 2.69A_{645} \tag{5}$$

$$C_b（mg/L）= 22.9A_{645} - 4.68A_{663} \tag{6}$$

叶绿素总量 CT（mg/L）$= C_a + C_b = 20.2A_{645} + 8.02A_{663} \tag{7}$

叶绿素总量也可根据下式求导

$$A_{652} = 34.5 \times C_T$$

由于 652nm 为叶绿素 a 与 b 在红光区吸收光谱曲线的交叉点（等吸收点），两者有相同的比吸收系数（均为 34.5），因此也可以在此波长下测定一次吸光度（A_{652}）求出叶绿素总量：

$$C_T（g/L）= A_{652}/34.5$$

$$C_T（mg/L）= A_{652} \times 1000/34.5 \tag{8}$$

因此，利用（5）、（6）式可分别计算叶绿素 a 与 b 含量，利用（7）式或（8）式可计算叶绿素总量。

【试剂与器材】

1. 试剂

（1）95% 乙醇（或 80% 丙酮）。

（2）石英砂。

（3）碳酸钙粉。

2. 器材

分光光度计、天平（感量 0.01g）、研钵、漏斗、量筒、滤纸等。

3. 材料

新鲜（或烘干）的植物叶片。

【实验操作】

（1）取新鲜植物叶片（或其它绿色组织）或干材料，擦净组织表面污物，去除中脉剪碎。称取剪碎的新鲜样品2g，放入研钵中，加少量石英砂和碳酸钙粉及3mL95%乙醇，研成匀浆，再加乙醇10mL，继续研磨至组织变白。静置3~5min。

（2）取滤纸1张置于漏斗中，用乙醇湿润，沿玻棒把提取液倒入漏斗，滤液流至100mL棕色容量瓶中，用少量乙醇冲洗研钵、研棒及残渣数次，最后连同残渣一起倒入漏斗中。

（3）用滴管吸取乙醇，将滤纸上的叶绿体色素全部洗入容量瓶中。直至滤纸和残渣中无绿色为止。最后用乙醇定容至100mL，摇匀。

（4）取叶绿体色素提取液在波长665nm、645nm和652nm下测定吸光度，以95%乙醇为空白对照。

【结果处理】

按照实验原理中提供的经验公式，分别计算植物材料中叶绿素a、b和总叶绿素的含量：

$$叶绿素 a = (12.7A_{663} - 2.69A_{645}) \times \frac{V}{1000 \times m}$$

$$叶绿素 b = (22.9A_{645} - 4.68A_{663}) \times \frac{V}{1000 \times m}$$

$$总叶绿素 = (20.0A_{645} + 8.02A_{663}) \times \frac{V}{1000 \times m}$$

$$或总叶绿素 = \frac{A_{652}}{34.5} \times \frac{V}{1000 \times m}$$

【思考题】

（1）你所测得的叶绿素a/b值是否与教材上的数值相近？如不相近，为什么？

（2）比较不同生境的植物叶的叶绿素含量与叶绿素a/b值，并说明原因。

实验五十三　畜禽肉中己烯雌酚的测定（高效液相色谱法）

【实验目的】

（1）掌握畜产品中己烯雌酚残留样品的前处理技术。

（2）掌握高效液相色谱的使用方法。

【实验原理】

试样匀浆后，经甲醇提取过滤，注入HPLC中，经紫外检测器鉴定。于波长230nm处测定吸光度，同样条件下绘制工作曲线，己烯雌酚含量与吸光值在一定浓度范围内成正比，试样与工作曲线比较，定量。

【试剂和器材】

1. 试剂

（1）甲醇。

（2）0.043mol/L磷酸二氢钠（$NaH_2PO_4 \cdot 2H_2O$）：取1g磷酸二氢钠溶于500mL水中。

（3）磷酸。

（4）己烯雌酚（DES）贮备液：精密称取 100mg 己烯雌酚（DES）溶于甲醇，移入 100mL 容量瓶中，加甲醇至刻度，混匀，每毫升含 DES1.0mg，贮于冰箱中。

（5）己烯雌酚（DES）标准使用液：吸取 10.00mLDES 贮备液，移入 100mL 容量瓶中，加甲醇至刻度，混匀，每毫升含 DES100μg。

2. 器材

高效液相色谱液、紫外检测器、小型绞肉机、小型粉碎机、离心机。

3. 材料

新鲜的鸡肉、猪肉、羊肉。

【操作步骤】

1. 提取及净化

称取 5g（±0.1g）绞碎肉（小于 5mm）试样，放入 50mL 具塞离心管中，加 10.00mL 甲醇，充分搅拌，振荡 20min，于 3000r/min 离心 10min，将上清液移出，残渣中再加 10.00mL 甲醇，混匀后振荡 20min，于 3000r/min 离心 10min，合并上清液，此时若出现混浊，需再离心 10min，取上清液过 0.5μmFH 滤膜，备用。

2. 色谱条件

（1）紫外检测器：检测波长 230nm。

（2）灵敏度：0.04AUFS。

（3）流动相：甲醇 + 0.043mol/L 磷酸二氢钠（70 + 30），用磷酸调 pH5（其中 $NaH_2PO_4 \cdot 2H_2O$ 水溶液需过 0.45μm 滤膜）。

（4）流速：1mL/min。

（5）进样量：20μL。

（6）色谱柱：CLC - ODS - C_{18}（5μm）6.2mm×150mm 不锈钢柱。

（7）柱温：室温。

3. 标准曲线绘制

称取 5 份（每份 5.0g）绞碎的肉试样，放入 50mL 具塞离心管中，分别加入不同浓度的标准液（6.0，12.0，18.0，24.0μg/mL）各 1.0mL，同时做空白。其中甲醇总量为 20.00mL，使其测定浓度为 0.00，0.30，0.60，0.90，1.20μg/mL，按提取及净化的方法提取备用。

4. 测定

分别取样 20μL，注入 HPLC 柱中，可测得不同浓度 DES 标准溶液峰高，以 DES 浓度对峰高绘制工作曲线，同时取样液 20μL，注入 HPLC 柱中，测得的峰高从工作曲线图中查相应的含量，$R_t = 8.235$。

【结果处理】

按下式计算：

$$X = \frac{A \times 1000}{m \times \dfrac{V_2}{V_1}} \times \frac{1000}{1000 \times 1000}$$

式中　X——试样中己烯雌酚含量，mg/kg；

　　　　A——进样体积中己烯雌酚含量，ng；

　　　　m——试样的质量，g；

　　　　V_2——进样体积，μL；

　　　　V_1——试样甲醇提取液总体积，mL。

实验五十四　酶联免疫吸附法（ELISA）测定食品中磺胺二甲嘧啶残留

【实验目的】

（1）熟悉酶联免疫吸附技术原理。

（2）掌握食品中磺胺二甲嘧啶残留的酶联免疫测定方法。

【实验原理】

本实验测定的理论基础是抗原抗体反应。酶联板包被有磺胺二甲嘧啶特异性抗体的抗体，加入磺胺二甲基嘧啶抗体、磺胺二甲基嘧啶酶标记物、标准或样品溶液。游离磺胺二甲基嘧啶与磺胺二甲基嘧啶酶标记物竞争磺胺二甲基嘧啶抗体，同时磺胺二甲基嘧啶抗体与特异性双抗体连接，没有连接的酶标记物在洗涤步骤中被除去。将底物和发色剂加入到孔中并且孵育，结合的酶标记物将无色的发色剂转化为蓝色的产物。加入反应停止液后使颜色由蓝色转变为黄色。在 450nm 处测量，吸收光强度与样品中的磺胺二甲基嘧啶浓度成反比。本方法适用于牛乳、肉类等动物源性食品中磺胺二甲嘧啶残留的常规快速筛选检测。

【试剂和器材】

1. 试剂

（1）乙腈水溶液［86∶16（体积比）］。

（2）乙酸乙酯（AR）。

（3）正乙烷（AR）。

以下试剂均由试剂盒厂商提供，水为符合 GB/T6682 规定的二级水。

（4）磺胺二甲基嘧啶系列标准液。

（5）酶标板。

（6）磺胺二甲基嘧啶抗体。

（7）酶标记抗原。

（8）发色剂。

（9）缓冲溶液（buffer1，buffer2）。

（10）终止溶液。

（11）底物缓冲液。

2. 器材

酶标测定仪（配备 450nm 滤光片）、离心机、微型振荡器、微量移液器（单道 20μL，50μL，100μL；多道 50～250μL）。

3. 材料

牛乳。

【实验操作】

1. 样品处理

（1）牛乳样品 取牛乳样品用 buffer1 进行 10 倍稀释，使用前再用蒸馏水稀释 20 倍。取 50μL 用于测定。如为全脂乳，稀释前应离心（10℃，3000g，10min）。

（2）肉及肾脏样品 将样品去除脂肪并粉碎，取 5g 与 20mL 乙腈水溶液（86∶16）混合 10min。15℃ 离心 10min（3000g）。取 3mL 上清液与 3mL 蒸馏水混合后再加入 4.5mL 乙酸乙酯混合 10min，15℃ 离心 10min（3000g）。将乙酸乙酯层转移至另一瓶中干燥，用 1.5mL 稀释 20 倍的 buffer 1 溶解干燥的残留物，加入 1.5mL 正己烷混合 5min，以进一步去掉脂肪，15℃ 离心 10min（3000g），完全去除正己烷层，取 50μL 水相进行分析。

2. 测定

使用前将试剂盒放置室温（19~25℃）下 1~2h。按每个标准溶液和试样做两个或两个以上平行实验，计算所需酶联板条的数量，插入框架。向微孔中加入 50μL 稀释的酶标记物，再加入 50μL 的标准和处理好的样品到各自的微孔中。加入 50μL 稀释的抗体溶液到每一个微孔底部充分混合，在室温下孵育 2h，覆盖上薄膜。倒出孔中的液体，将酶联板倒置在吸水纸上拍打或甩板，使孔内无残余液体。用 250μL 蒸馏水充入孔中，再次倒掉微孔中液体，再拍打或甩板，重复操作两次。加入 50μL 基质和 50μL 发色剂到微孔中，充分混合并在室温暗处孵育 30min。每孔加入 100μL 反应停止液，混合后在 450nm 处测量吸光度值，以空气为空白，60min 内完成读数。

【结果处理】

（1）按下式计算百分吸光度值：

$$百分吸光度值（\%）=（A/A_0）\times 100$$

式中 A ——标准溶液或供试样品的平均吸光度值；

A_0 ——零浓度的标准溶液平均吸光度值。

以标准溶液中磺胺二甲嘧啶含量（ng/g）的自然对数为 x 轴，以百分吸光度值为 y 轴，在半对数坐标纸上绘制标准曲线图。从标准曲线上查供试样品中磺胺二甲嘧啶的含量（ng/g）。也可以用专业计算机软件求出供试样品中磺胺二甲嘧啶的含量。

（2）按照农业部 NY5029—2001 标准规定，无公害猪肉中磺胺类药物（以总量计）应 ≤0.10mg/kg，超过此限（MRL）即为超标样品；酶联免疫初筛检出样品应进一步上高效液相色谱进行确证。按照确证结果，对样品进行判定。检测方法的灵敏度、准确度、精密度如下：

①灵敏度：本方法在牛乳中的检测限为 10ng/g，在肉类及肾脏中的检测限为 2ng/g。

②准确度：本方法在 20ng/g 添加含量水平上的回收率为 95.5%。

③精密度：本方法的变异系数 Cy% 为 13.84%。

实验五十五　蔬菜上有机磷和氨基甲酸酯类农药残毒快速检测方法

【实验目的】

（1）了解本实验在农产品安全监测中的意义。

（2）掌握农药残留快速测定的原理及操作步骤。

（3）学会使用分光光度计进行农药残留快速测定技术。

【实验原理】

有机磷和氨基甲酸酯类农药能抑制动物中枢和周围神经系统中乙酰胆碱酯酶的活力，造成神经传导介质乙酰胆碱的积累，影响正常传导，使动物中毒（致死），根据这一毒理学原理，建立了农药残留的检测方法。以乙酰硫代胆碱（AsCh）为底物，在乙酰胆碱酯酶（AChE）的作用下乙酰硫代胆碱（AsCh）水解成硫代胆碱和乙酸，硫代胆碱和二硫代双对硝基苯甲酸（DTNB）产生显色反应，使反应液呈黄色，在410nm处有最大吸收峰，用分光光度计测得酶活力被抑制程度（用抑制率表示），以计算出的抑制率判断蔬菜中含有机磷或氨基甲酸酯类农药的残毒情况。如果样本中残留有这两类药物，酶活力被抑制则产生的颜色浅，如果样本中不含这两类农药残留，则会产生深的颜色。本方法适用于水果、蔬菜中有机磷和氨基甲酸酯类农药残毒的快速检测。

【试剂和器材】

1. 试剂

（1）pH7.7磷酸盐缓冲液（配制方法见附录）。

（2）丁酰胆碱酯酶（市售），根据酶活性情况按要求用缓冲液溶解，吸光值控制在0.4~0.8。

（3）底物碘化硫代丁酰胆碱（BTCl），用缓冲液溶解为2%溶液。

（4）显色剂二硫代双对硝基苯甲酸（DTNB），用缓冲液溶解为0.04%水溶液。

2. 器材

波长为410nm±3nm专用速测仪或可见光分光光度计、电子天平（准确度0.1g）、微型样品混合器、台式培养箱、可调移液枪（10~100μL，1~5mL）、恒温水浴锅。

3. 材料

上海青等青菜（新鲜，喷过农药和没有喷药的各2kg）。

【实验操作】

取来自不同植株叶片（至少8~10片叶子）的样本，用剪刀剪碎；取2g（非叶菜类取4g）放入提取瓶内，加入20mL缓冲液，振荡1~2min。倒出提取液，静止3~5min，于2支小试管内分别加入50μL酶、3mL样本提取液、50μL显色剂、50μL底物（此管为平行样本管），放置3.0min后倒入比色杯中，用仪器进行测定。

另取一支小试管，用蒸馏水取代提取液，其余试剂同样本管（此为对照管）于37~38℃下放置3.0min后再分别加入50μL底物，倒入比色杯中用蒸馏水调零点，用仪器进行测定。

【结果处理】

1. 检测结果按下式计算

$$抑制率（\%）=\frac{A_c-A_s}{A_c}\times100$$

式中　A_c——对照组 3min 后与 3min 前吸光值之差；

　　　　A_s——样本 3min 后与 3min 前吸光值之差。

2. 检测结果的判断

抑制率≥70% 时，蔬菜中含有某种有机磷或氨基甲酸酯类农药残毒。此时样本要有两次以上重复检测，几次重复检测的重现性应在 80% 以上。

3. 本方法的最低检出浓度

快速检测法最低检出浓度见下表。

农药中文名	英文通用名	毒性	最低检出浓度（溶液）/（mg/L）	最低检出浓度（蔬菜）/（mg/kg）
甲胺磷	methamidophos	剧毒	1~2	3~5
氧化乐果	omethoate	高毒	0.7~2	2~5
对硫磷	parathion	高毒	0.7~1.5	2~4
甲拌磷	phoxate	剧毒	0.3~0.7	1~2
久效磷	monocrotophos	剧毒	0.3~0.7	1~2
倍硫磷	fenthion	高毒	2~2.5	6~7
杀扑磷	methidathion	高毒	2~2.5	6~7
敌敌畏	dichlorovos	中毒	0.1	0.3
克百威	carhofuran	高毒	0.3~0.7	1~2
涕灭威	aldicarh	高毒	0.3~0.7	1~2
灭多威	ruethomYl	剧毒	0.3~0.7	1~2
抗蚜威	pirimicarb	剧毒	0.5~1	1.5~3
丁硫克威	carbosulfan	中毒	0.7~1	2~3
甲萘威	carharVl	中毒	0.3~0.7	1~2
丙硫克百威	henfuracarh	中毒	0.3~0.7	1~2
速灭威	MTMC	中毒	0.5~0.8	15~2.5
残杀威	propoxur	中毒	0.3~0.8	15~2.5
异丙威	isoprocarD	中毒	0.5~0.8	15~2.5

注：丁酰胆碱酯酶对甲基对硫磷、乐果、毒死蜱、二嗪磷等农药不太灵敏，检出浓度均在 10mg/kg 以上。

【注意事项】

（1）实验要设定样品空白（未施药的蔬菜）、试剂空白，如果在市场上抽检样品，还应设质控对照（已施药的蔬菜），以保证检测质量。

（2）生物试剂要随配随用，并应注意满足反应温度和时间等要求。

（3）比色杯要干净整洁，在使用时不得污染。

（4）供试样品应重复两次，又称平行样，作为农药残留与否判定依据的酶抑制率，应是平行样品的平均值。

附　　录

一、试剂的配制

（一）常用溶液浓度的单位及计算

单位容积溶液中所存在的溶质量，称为该物质的浓度。生化实验中常用浓度单位如下。

1. 溶质的质量分数

溶质的质量分数，即每100g溶液中所含溶质的质量（g）。

$$溶质的质量分数 = \frac{溶质的质量}{溶液的总质量} \times 100\%$$

$$溶质（g）+ 溶剂（g）= 溶液的总质量$$

配制溶质的质量分数（%）溶液时：

（1）若溶质是固体

$$称取溶质的克数 = 需配制溶液的总质量 \times 需配制溶液的质量分数$$

$$需用溶剂的克数 = 需配制溶液的总质量 - 称取溶质的克数$$

例如，配制10%氢氧化钠溶液200g：

$$200g \times 0.10 = 20g（固体氢氧化钠质量）$$

$$200g - 20g = 180g（溶剂的质量）$$

称取20g氢氧化钠加180g水溶解即可。

（2）若溶质是液体

$$量取溶质的体积 = \frac{需配制溶液的质量}{溶质的密度 \times 溶质的质量分数} \times 需配制溶液的质量分数$$

$$需用溶剂克数 = 需配制溶液总质量 - （需配制溶液总质量 \times 需配制溶液的质量分数）$$

例如，配制20%硝酸溶液500g（浓硝酸的浓度为90%，相对密度为1.49）：

$$\frac{500}{1.49 \times 0.9} \times 0.2 = 74.57mL（浓硝酸的体积）$$

$$500g - （500 \times 0.2）g = 400g（溶剂的质量）$$

因为水的密度为1，所以量取400mL水加入74.57mL浓硝酸混匀即可。

一般配制溶质为固体的稀溶液时，习惯用100mL溶液中所含溶质的克数表示溶液的浓度。例如，配制1.0%氢氧化钠溶液时，称取1.0g氢氧化钠，用水溶解并稀释至100mL。

2. 体积分数

为每100mL溶液中含溶质的体积数（mL），一般用于配制溶质为液体的溶液，如各种浓度的酒精溶液。

3. 物质的量（mol）和物质的量浓度（mol/L）

如 1mol 葡萄糖为 180g，1mol 白蛋白为 6800g 或 6.8kg，它适用于包括原子、离子或自由基以及式量有明确组成的其它质点。

物质的量浓度（mol/L）：即在 1L 溶液中含有溶质的物质的量。

$$物质的量浓度 = \frac{溶质的质量（g）}{溶质的摩尔质量}（溶解后定容至 1000mL）$$

$$称取溶质的克数 = 溶液的物质的量浓度 × 溶质的摩尔质量 × 需配制的溶液量（L）$$

例如，配制 2mol/L 碳酸钠溶液 500mL（Na_2CO_3 的相对分子质量为 106）。

$$2 × 106 × 500/1000 = 106g$$

将 106g 无水碳酸钠溶解后，在容量瓶中稀释至 500mL。

$$1mol/L = 1mmol/mL = 1\mu mol/\mu L$$

对尚不明确分子组成的物质（如蛋白质或核酸），或混合物中的生物活性物质（如维生素 B_{12} 和血清免疫球蛋白）的式量尚未被肯定的物质，其浓度以单位容积中溶质的质量（而非 mol/L）表示，如 g/L、mg/L 等。

4. 溶液浓度互换公式

$$溶质的质量分数（\%） = \frac{溶质的量浓度 × 摩尔质量}{1000 × 相对密度}$$

$$溶质的量浓度（mol/L） = \frac{溶质的质量分数 × 1000 × 相对密度}{摩尔质量}$$

（二）标准溶液的配制和标定

1. 标准氢氧化钠溶液的配制和标定

由于氢氧化钠常不纯和容易吸湿，不能直接配成准确浓度的溶液，因而必须先配成一个近似浓度的溶液，再用标准的酸溶液或酸性盐（如苯甲酸、酸性邻苯二甲酸氢钾盐和草酸等）来标定。如要配制 0.1mol/L 氢氧化钠溶液，可先称取分析纯固体氢氧化钠 4.1g，用水溶解后转移到 1L 的容量瓶中，冷却后稀释至刻度，混匀后保存到具橡皮塞的试剂瓶中，待标定。

若用酸性邻苯二甲酸氢钾（$KHC_8H_4O_4$，相对分子质量 204.22）作为基准物质时，可先准确地（准确到 0.1mg）称取分析纯邻苯二甲酸氢钾 0.41 ~ 0.43g 三份，分别置于 150mL 三角瓶中，各加入 20mL 蒸馏水，使全部溶解，再加酚酞指示剂 3 ~ 4 滴，用待测的氢氧化钠溶液滴定至淡红色出现，记下氢氧化钠的滴定体积，通过计算可知氢氧化钠的准确浓度：

$$c_{(NaOH)} = \frac{m × 1000}{M_r V}$$

式中　m ——$KHC_8H_4O_4$ 的质量，g；

　　　M_r ——$KHC_8H_4O_4$ 的相对分子质量；

　　　V ——NaOH 滴定体积，mL。

2. 标准盐酸溶液的配制和标定

标定盐酸通常用硼砂（$Na_2B_4O_7 \cdot 10H_2O$，相对分子质量 381.43）为基准物质，因硼砂易提纯，不吸水，标定时准确度高。

硼砂提纯：称取约30g分析纯硼砂，溶解于100mL热水中，溶液冷却后硼砂结晶析出，用烧结玻璃漏斗将结晶吸滤出，再用少量水、95%乙醇、无水乙醇和无水乙醚分别依次洗涤，所用乙醇和乙醚的量大约是每10g结晶用5mL溶剂，然后将硼砂结晶平铺成薄层，室温下使乙醚挥发。纯化后的硼砂保存于密闭的玻璃瓶中，再贮放在盛有饱和蔗糖和氯化钠溶液的干燥器内，硼砂中的结晶水可保持不变。

如要配制0.1mol/L盐酸标准溶液，可吸取分析纯盐酸（相对密度1.19，约12mol/L）8.5mL，用蒸馏水稀释至1L，贮于清洁的试剂瓶中待标定。

准确称取三份干燥、提纯的硼砂0.381～0.383g，分别放在150mL三角瓶中，加入20mL蒸馏水，使其溶解，加入三滴甲基红指示剂，用待测的盐酸滴定至橙红色，记下盐酸的滴定体积，通过计算可知盐酸溶液的准确浓度：

$$c_{(HCl)} = \frac{m \times 1000}{M_2/2 \times V}$$

式中　m ——硼砂质量，g；

　　　V ——HCl滴定体积，mL；

　　　M_r ——硼砂的相对分子质量。

3. **标准硫代硫酸钠溶液的配制和标定**

由于硫代硫酸钠易失去结晶水，其溶液易被硫化菌分解，故对标准溶液要进行标定。硫代硫酸钠（$Na_2S_2O_3 \cdot 5H_2O$，相对分子质量248.19）标准溶液可用重铬酸钾、溴酸钾、碘酸钾等氧化剂来标定。常用碘酸钾（KIO_3，相对分子质量214.01），因它不吸水，较稳定，在酸性条件下具有较强的氧化能力。

如要配制0.1mol/L硫代硫酸钠标准液，可称取25g分析纯硫代硫酸钠，溶解在煮沸过的蒸馏水中，并稀释至1L，贮存在橡皮塞的试剂瓶中，其准确浓度采用KIO_3来标定。准确称取0.1420～0.1500g纯碘酸钾三份，分别放在150mL三角瓶中，加入20mL蒸馏水，使其溶解，再各加入10%碘化钾溶液10mL和0.5mol/L硫酸溶液20mL，混合后用待标定的硫代硫酸钠溶液滴定，当溶液由棕红色变为黄色时，加入3滴1%淀粉指示剂，继续滴定至蓝色消失为止。记下硫代硫酸钠溶液的滴定体积，并按下式计算其准确浓度。

$$5KI + KIO_3 + 3H_2SO_4 \longrightarrow 3K_2SO_4 + 3H_2O + 3I_2$$

$$2Na_2S_2O_3 + I_2 \longrightarrow Na_2S_4O_6 + 2NaI$$

$$c_{(Na_2S_2O_3)} = \frac{m \times 1000}{M_r/6 \times V}$$

式中　m ——KIO_3的质量，g；

　　　M_r ——KIO_3的相对分子质量；

　　　V ——$Na_2S_2O_3$滴定体积，mL。

（三）常用缓冲溶液的配制

1. 0.05mol/L甘氨酸 – 盐酸缓冲液

X mL 0.2mol/L甘氨酸 + Y mL 0.2mol/L HCl，再加水稀释至200mL。

pH	X	Y	pH	X	Y
2.2	50	44.0	3.0	50	11.4
2.4	50	32.4	3.2	50	8.2
2.6	50	24.2	3.4	50	6.4
2.8	50	16.8	3.6	50	5.0

注：甘氨酸相对分子质量为75.07；0.2mol/L甘氨酸溶液含15.01g/L。

2. 磷酸氢二钠–柠檬酸缓冲液

0.2mol/L $Na_2HPO_4 \cdot 2H_2O$ 溶液及 0.1mol/L 柠檬酸溶液，依不同比例混合成20mL溶液。

pH	Na_2HPO_4/mL	柠檬酸/mL	pH	Na_2HPO_4/mL	柠檬酸/mL
2.2	0.40	19.60	5.2	10.72	9.28
2.4	1.14	13.76	5.4	11.15	8.85
2.6	2.18	17.82	5.6	11.60	8.40
2.8	3.17	16.83	5.8	12.09	7.91
3.0	4.11	15.89	6.0	12.63	7.37
3.2	1.94	15.06	6.2	13.22	6.78
3.4	5.70	14.30	6.4	13.85	6.15
3.6	6.44	13.56	6.6	14.55	5.45
3.8	7.10	12.90	6.8	15.45	4.55
4.0	7.71	12.29	7.0	16.47	3.53
4.2	8.28	11.78	7.2	17.39	2.61
4.4	8.82	11.18	7.4	18.17	1.83
4.6	9.35	10.85	7.6	18.73	1.27
4.8	9.86	10.14	7.8	19.15	0.85
5.0	0.30	9.70	8.0	19.45	0.55

注：Na_2HPO_4 相对分子质量为141.98；0.2mol/L溶液为28.40g/L。

　　$Na_2HPO_4 \cdot 2H_2O$ 相对分子质量为178.05；0.2mol/L溶液为35.61g/L。

　　$C_6H_8O_7 \cdot H_2O$ 相对分子质量为210.14；0.1mol/L溶液为21.01g/L。

3. Tris–盐酸缓冲液（0.05mol/L，25℃）

50mL 0.1mol/L 三羟甲基氨基甲烷（Tris）溶液与 X mL 0.1mol/L 盐酸混匀后，加水稀释至100mL。

pH	X/mL	pH	X/mL
7.1	45.7	8.1	26.2
7.2	44.7	8.2	22.9
7.3	43.4	8.3	19.9
7.4	42.0	8.4	17.2
7.5	40.3	8.5	14.7
7.6	38.5	8.6	12.4
7.7	36.6	8.7	10.3
7.8	34.5	8.8	8.5
7.9	32.0	8.9	7.0
8.0	29.2		

注：三羟甲基氨基甲烷（Tris）相对分子质量为121.14；0.1mol/L溶液为12.114g/L。Tris溶液可从空气中吸收二氧化碳，注意将瓶盖严。

4. 邻苯二甲酸 – 盐酸缓冲液（0.05mol/L，20℃）

XmL 0.2mol/L 邻苯二甲酸氢钾 + YmL 0.2mol/L HCl，再加水稀释至20mL。

pH	X	Y	pH	X	Y
2.2	5.0	4.670	3.2	5.0	1.470
2.4	5.0	3.960	3.4	5.0	0.990
2.6	5.0	3.295	3.6	5.0	0.597
2.8	5.0	2.642	3.8	5.0	0.263
3.0	5.0	2.032			

注：邻苯二甲酸氢钾相对分子质量为204.23；0.2mol/L 邻苯二甲酸氢钾溶液为40.85g/L。

5. 巴比妥钠 – 盐酸缓冲液（0.05mol/L，20℃）

XmL 0.04mol/L 巴比妥钠 + YmL 0.2mol/L HCl，再加水稀释至200mL。

pH	X/mL	Y/mL	pH	X/mL	Y/mL
6.8	100	18.4	8.4	100	5.21
7.0	100	17.8	8.6	100	3.82
7.2	100	16.7	8.8	100	2.52
7.4	100	15.3	9.0	100	1.65
7.6	100	13.4	9.2	100	1.13
7.8	100	11.47	9.4	100	0.70
8.0	100	9.36	9.6	100	0.35
8.2	100	7.21			

注：巴比妥钠盐的相对分子质量为206.18；0.04mol/L溶液为8.25g/L。

6. 碳酸钠–碳酸氢钠缓冲液（0.1mol/L）

Ca²⁺、Mg²⁺存在时不得使用。

pH		0.1mol/L Na₂CO₃/mL	0.1mol/L NaHCO₃/mL
20°C	37°C		
9.16	8.77	1	9
9.40	9.12	2	8
9.51	9.40	3	7
9.78	9.50	4	6
9.90	9.72	5	5
10.14	9.90	6	4
10.28	10.08	7	3
10.53	10.28	8	2
10.83	10.57	9	1

注：$Na_2CO_3 \cdot 10H_2O$ 相对分子质量为286.2；0.1mol/L溶液为28.26g/L。

$NaHCO_3$ 相对分子质量为84.0；0.1mol/L溶液为8.40g/L。

7. 乙酸–乙酸钠缓冲液

0.2mol/L NaAc溶液及0.2mol/L HAC溶液，依不同比例混合成10mL溶液。

pH（18°C）	0.2mol/L NaAc /mL	0.2mol/L HAC /mL	pH（18°C）	0.2mol/L NaAc /mL	0.2mol/L HAC /mL
3.6	0.75	9.25	4.8	5.90	4.10
3.8	1.20	8.80	5.0	7.00	3.00
4.0	1.80	8.20	5.2	7.90	2.10
4.2	2.65	7.35	5.4	8.60	1.40
4.4	3.70	6.30	5.6	9.10	0.90
4.6	4.90	5.10	5.8	9.40	0.60

注：$NaAc \cdot 3H_2O$ 相对分子质量为136.09；0.2mol/L溶液为27.22g/L；0.2mol/L HAc溶液为10.40g/L。

8. 柠檬酸–氢氧化钠–盐酸缓冲液

pH	钠离子浓度 / （mol/L）	柠檬酸/g $C_6O_7H_8 \cdot H_2O$	氢氧化钠/g NaOH97%	盐酸/mL HCl（浓）	最终体积/L
2.2	0.20	210	84	160	10
3.1	0.20	210	83	116	10

续表

pH	钠离子浓度 / (mol/L)	柠檬酸/g $C_6O_7H_8 \cdot H_2O$	氢氧化钠/g NaOH97%	盐酸/mL HCl（浓）	最终体积/L
3.3	0.20	210	83	106	10
4.3	0.20	210	83	45	10
5.3	0.35	245	144	68	10
5.8	0.45	285	186	105	10
6.5	0.38	266	156	126	10

注：使用时可在每1L中加入1g酚，若最后pH有变化，再用少量50%氢氧化钠溶液或盐酸调节，冰箱保存。

9. 柠檬酸－柠檬酸钠缓冲液（0.1mol/L）

0.1mol/L 柠檬酸溶液及 0.1mol/L 柠檬酸钠溶液，依不同比例混合成20mL溶液。

pH	0.1mol/L 柠檬酸/mL	0.1mol/L 柠檬酸钠/mL	pH	0.1mol/L 柠檬酸/mL	0.1mol/L 柠檬酸钠/mL
3.0	18.6	1.4	5.0	8.2	11.8
3.2	17.2	2.8	5.2	7.3	12.7
3.4	16.0	4.0	5.4	6.4	13.6
3.6	14.9	5.1	5.6	5.5	14.5
3.8	14.0	6.0	5.8	4.7	15.3
4.0	13.1	6.9	6.0	3.8	16.2
4.2	12.3	7.7	6.2	2.8	17.2
4.4	11.4	8.6	6.4	2.0	18.0
4.6	10.3	9.7	6.6	1.4	18.6
4.8	9.2	10.8			

注：柠檬酸 $C_6H_8O_7 \cdot H_2O$ 相对分子质量为210.14；0.1mol/L溶液为21.01g/L。

　　柠檬酸钠 $Na_3C_6H_5O_7 \cdot 2H_2O$ 相对分子质量为294.12；0.1mol/L溶液为29.41g/L。

10. 磷酸二氢钾－氢氧化钠缓冲液（0.05mol/L，20℃）

XmL 0.2mol/L KH_2PO_4 + YmL 0.2mol/L NaOH，再加水稀释至20mL。

pH	X/mL	Y/mL	pH	X/mL	Y/mL
5.8	5	0.372	6.4	5	1.260
6.0	5	0.570	6.6	5	1.780
6.2	5	0.860	6.8	5	2.365

续表

pH	X/mL	Y/mL	pH	X/mL	Y/mL
7.0	5	2.936	7.6	5	4.280
7.2	5	3.500	7.8	5	4.520
7.4	5	3.950	8.0	5	4.680

11. 硼砂－氢氧化钠缓冲液 （0.05mol/L，20℃）

XmL 0.5mol/L 硼砂 + YmL 0.2mol/L NaOH，再加水稀释至 200mL。

pH	X/mL	Y/mL	pH	X/mL	Y/mL
9.3	50	6.0	9.8	50	34.0
9.4	50	11.0	10.0	50	43.0
9.6	50	23.0	10.1	50	46.0

12. 磷酸盐缓冲液

（1）磷酸氢二钠－磷酸二氢钠缓冲液 （0.2mol/L）

pH	0.2mol/L Na_2HPO_4/mL	0.2mol/L NaH_2PO_4/mL	pH	0.2mol/L Na_2HPO_4/mL	0.2mol/L NaH_2PO_4/mL
5.8	8.0	92.0	7.0	61.0	39.0
5.9	10.0	90.0	7.1	67.0	33.0
6.0	12.3	87.7	7.2	72.0	28.0
6.1	15.0	85.0	7.3	77.0	23.0
6.2	18.5	81.5	7.4	81.0	19.0
6.3	22.5	77.5	7.5	84.0	16.0
6.4	26.5	73.5	7.6	87.0	13.0
6.5	31.5	68.5	7.7	89.5	10.5
6.6	37.5	62.5	7.8	91.5	8.5
6.7	43.5	56.5	7.9	93.0	7.0
6.8	49.0	51.0	8.0	94.7	5.3
6.9	55.0	45.0			

注：$Na_2HPO_4 \cdot 2H_2O$ 相对分子质量为 178.05；0.2mol/L 溶液为 35.61g/L。

$Na_2HPO_4 \cdot 12H_2O$ 相对分子质量为 358.22；0.2mol/L 溶液为 71.64g/L。

$NaH_2PO_4 \cdot H_2O$ 相对分子质量为 138.01；0.2mol/L 溶液为 27.6g/L。

$NaH_2PO_4 \cdot 2H_2O$ 相对分子质量为 156.03；0.2mol/L 溶液为 31.21g/L。

（2）磷酸氢二钠 – 磷酸二氢钾缓冲液（1/15mol/L）

pH	1/15mol/L Na₂HPO₄/mL	1/15mol/L KH₂PO₄/mL	pH	1/15mol/L Na₂HPO₄/mL	1/15mol/L KH₂PO₄/mL
4.92	0.10	9.90	7.17	7.00	3.00
5.29	0.50	9.50	7.38	8.00	2.00
5.91	1.00	9.00	7.73	9.00	1.00
6.24	2.00	8.00	8.04	9.50	0.50
6.47	3.00	7.00	8.34	9.75	0.25
6.64	4.00	6.00	8.67	9.90	0.10
6.81	5.00	5.00	8.18	10.00	0
6.98	6.00	4.00			

注：$Na_2HPO_4 \cdot 2H_2O$ 相对分子质量为 178.05；1/15mol/L 溶液为 35.61g/L。

　　KH_2PO_4 相对分子质量为 136.09；1/15mol/L 溶液为 9.07g/L。

13. 甘氨酸 – 氢氧化钠缓冲液（0.05mol/L）

XmL 0.2mol/L 甘氨酸 + YmL 0.2mol/L NaOH，再加水稀释至 200mL。

pH	X/mL	Y/mL	pH	X/mL	Y/mL
8.6	50	4.0	9.6	50	22.4
8.8	50	6.0	9.8	50	27.2
9.0	50	8.8	10.0	50	32.0
9.2	50	12.0	10.4	50	38.6
9.4	50	16.8	10.6	50	45.5

注：甘氨酸相对分子质量为 75.07；0.2mol/L 溶液为 15.01g/L。

14. 硼酸 – 硼砂缓冲液（0.2mol/L 硼酸根）

pH	0.05mol/L 硼砂/mL	0.2mol/L 硼酸/mL	pH	0.05mol/L 硼砂/mL	0.2mol/L 硼酸/mL
7.4	1.0	9.0	8.2	3.5	6.5
7.6	1.5	8.5	8.4	4.5	5.5
7.8	2.0	8.0	8.7	6.0	4.0
8.0	3.0	7.0	9.0	8.0	2.0

注：硼砂 $Na_2B_4O_7 \cdot 10H_2O$ 相对分子质量为 381.43；0.05mol/L 溶液（=0.2mol/L 硼酸根）为 19.07g/L。

　　硼酸 H_3BO_3 相对分子质量为 61.48；0.2mol/L 溶液为 12.37g/L。

（四） 调整硫酸铵溶液饱和度计算表

1. 调整硫酸铵溶液饱和度计算表（0℃）

硫酸铵终浓度/% 饱和度

	20	25	30	35	40	45	50	55	60	65	70	75	80	85	90	95	100
	每100mL 溶液加固体硫酸铵的质量/g*																
0	10.6	13.4	16.4	19.4	22.6	25.8	29.1	32.6	36.1	39.8	43.6	47.6	51.6	55.9	60.3	65.0	69.7
5	7.9	10.8	13.7	16.6	19.7	22.9	26.2	29.6	33.1	36.8	40.5	44.4	48.4	52.6	57.0	61.5	66.2
10	5.3	8.1	10.9	13.9	16.9	20.0	23.3	26.6	30.1	33.7	37.4	41.2	45.2	49.3	53.6	58.1	62.7
15	2.6	5.4	8.2	11.1	14.1	17.2	20.4	23.7	27.1	30.6	34.3	38.1	42.0	46.0	50.3	54.7	59.2
20	0	2.7	5.5	8.3	11.3	14.3	17.5	20.7	24.1	27.6	31.2	34.9	38.7	42.7	46.9	51.2	55.7
25		0	2.7	5.6	8.4	11.5	14.6	17.9	21.1	24.5	28.0	31.7	35.5	39.5	43.6	47.8	52.2
30			0	2.8	5.6	8.6	11.7	14.8	18.1	21.4	24.9	28.5	32.3	36.2	40.2	44.5	48.8
35				0	2.8	5.7	8.7	11.8	15.1	18.4	21.8	25.4	29.1	32.9	36.9	41.0	45.3
40					0	2.9	5.8	8.9	12.0	15.3	18.7	22.2	25.8	29.6	33.5	37.6	41.8
45						0	2.9	5.9	9.0	12.3	15.6	19.0	22.6	26.3	30.2	34.2	38.3
50							0	3.0	6.0	9.2	12.5	15.9	19.4	23.0	26.8	30.8	34.8
55								0	3.0	6.1	9.3	12.7	16.1	19.7	23.5	27.3	31.3
60									0	3.1	6.2	9.5	12.9	16.4	20.1	23.1	27.9
65										0	3.1	6.3	9.7	13.2	16.8	20.5	24.4
70											0	3.2	6.5	9.9	13.4	17.1	20.9
75												0	3.2	6.6	10.1	13.7	17.4
80													0	3.3	6.7	10.3	13.9
85														0	3.4	6.8	10.5
90															0	3.4	7.0
95																0	3.5
100																	0

硫酸铵初浓度/% 饱和度

* 在0℃下，硫酸铵溶液由初浓度到终浓度时，每100mL 溶液所加固体硫酸铵的质量（g）。

2. 调整硫酸铵溶液饱和度计算表（25℃）

	10	20	25	30	33	35	40	45	50	55	60	65	70	75	80	90	100
酸铵终浓度/% 饱和度																	
每1000mL 溶液加固体硫酸铵的质量/g*																	
0	56	114	144	176	196	209	243	277	313	351	390	430	472	516	561	662	767
10		57	86	118	137	150	183	216	251	288	326	365	406	449	494	592	694
20			29	59	78	91	123	155	189	225	262	300	340	382	424	520	619
25				30	49	61	93	125	158	193	230	267	307	348	390	485	583
30					19	30	62	94	127	162	198	235	273	314	356	449	546
33						12	43	74	107	142	177	214	252	292	333	426	522
35							31	63	94	129	164	200	238	278	319	411	506
40								31	63	97	132	168	205	245	285	375	469
45									32	65	99	134	171	210	250	339	431
50										33	66	101	137	176	214	302	392
55											33	67	103	141	179	264	353
60												34	69	105	143	227	314
65													34	70	107	190	275
70														35	72	153	237
75															36	115	198
80																77	157
90																	79

（行首为**硫酸铵初浓度/% 饱和度**）

*在25℃下，硫酸铵溶液由初浓度到终浓度时，每1000mL 溶液所加固体硫酸铵的质量（g）。

二、生物化学实验常用参数

（一）一般化学试剂的分级

试剂等级	等级名称	等级缩写	标签颜色	用途
一级	保证试剂	G. R.	绿色	纯度最高，适用于最精密的分析研究
二级	分析纯	A. R.	红色	纯度较高，适用于精确的微量分析，为分析实验室广泛应用
三级	化学纯	C. P.	蓝色	纯度略低，适用于一般的微量分析，要求不高工业分析和快速分析
四级	实验试剂	L. R.	棕黄色	纯度较低，但高于工业用试剂，适用于一般的定性检验
	生物试剂	B. R. 或 C. R.		根据试剂说明使用

（二） 实验室分析用水规格

名称	一级	二级	三级
外观（目视观察）		无色透明液体	
pH 范围（25℃）	—①	—①	5.0~7.5
电导率（25℃）/（S/cm）	≤0.01②	≤0.10②	≤0.50
可氧化物质［以（O）计］/（mg/L）	—③	<0.08	<0.4
吸光度（254nm，1cm 光程）	≤0.001	≤0.01	—
蒸发残渣量（105℃±2℃）/（mg/L）	—①	≤1.0	≤2.0
可溶性硅［以 SiO_2 计］/（mg/L）	<0.01	<0.02	—

注：①由于在一级水、二级水的纯度下，难以测定其真实的 pH，因此对一级水、二级水的 pH 范围不做规定。

②一级水、二级水的电导率需用新制备的水"在线"测定。

③由于在一级水的纯度下，难于测定可氧化物质和蒸发残渣，对其限量不做规定。可用其他条件和制备方法来保证一级水的质量。

（三） 常用酸碱的相对密度和质量分数、溶解度的关系

（1） HCl

HCl 质量分数/%	相对密度 d_4^{20}	溶解度 g/100mL H_2O	HCl 质量分数/%	相对密度 d_4^{20}	溶解度 g/100mL H_2O
1	1.0032	1.003	22	1.1083	24.38
2	1.0082	2.006	24	1.1187	26.85
4	1.0181	4.007	26	1.1290	29.35
6	1.0279	6.167	28	1.1392	31.90
8	1.0376	8.301	30	1.1492	34.48
10	1.0474	10.47	32	1.1593	37.10
12	1.0574	12.69	34	1.1691	39.75
14	1.0675	14.95	36	1.1789	42.44
16	1.0776	17.24	38	1.1885	45.16
18	1.0878	19.58	40	1.1980	47.92
20	1.0980	21.96			

（2） H_2SO_4

H_2SO_4 质量分数/%	相对密度 d_4^{20}	溶解度 g/100mL H_2O	H_2SO_4 质量分数/%	相对密度 d_4^{20}	溶解度 g/100mL H_2O
1	1.0051	1.005	2	1.0118	2.024

续表

H$_2$SO$_4$ 质量分数/%	相对密度 d_4^{20}	溶解度 g/100mL H$_2$O	H$_2$SO$_4$ 质量分数/%	相对密度 d_4^{20}	溶解度 g/100mL H$_2$O
3	1.0184	3.055	70	1.6105	112.7
4	1.0250	4.100	75	1.6692	125.2
5	1.0317	5.159	80	1.7272	138.2
10	1.0661	10.66	85	1.7786	151.2
15	1.1020	16.53	90	1.8144	163.3
20	1.1394	22.79	91	1.8195	165.6
25	1.1783	29.46	92	1.8240	167.8
30	1.2185	36.56	93	1.8279	170.2
35	1.2599	44.10	94	1.8312	172.1
40	1.3028	52.11	95	1.8337	174.2
45	1.3476	60.64	96	1.8355	176.2
50	1.3951	69.76	97	1.8364	178.1
55	1.4453	79.49	98	1.8361	179.9
60	1.4983	89.90	99	1.8342	181.6
65	1.5533	101.0	100	1.8305	183.1

（3）HNO$_3$

HNO$_3$ 质量分数/%	相对密度 d_4^{20}	溶解度 g/100mL H$_2$O	HNO$_3$ 质量分数/%	相对密度 d_4^{20}	溶解度 g/100mL H$_2$O
1	1.0036	1.004	45	1.2783	57.52
2	1.0091	2.018	50	1.3100	65.50
3	1.0146	3.044	55	1.3393	73.66
4	1.0201	4.080	60	1.3667	82.00
5	1.0256	5.128	65	1.3913	90.43
10	1.0543	10.54	70	1.4143	98.94
15	1.0842	16.26	75	1.4337	107.5
20	1.1150	22.30	80	1.4521	116.2
25	1.1469	28.67	85	1.4686	124.8
30	1.1800	35.40	90	1.4826	133.4
35	1.2140	42.49	91	1.4850	135.1
40	1.2463	49.85	92	1.4873	136.8

续表

HNO₃ 质量分数/%	相对密度 d_4^{20}	溶解度 g/100mL H₂O	HNO₃ 质量分数/%	相对密度 d_4^{20}	溶解度 g/100mL H₂O
93	1.4892	138.5	97	1.4974	145.2
94	1.4912	140.2	98	1.5008	147.1
95	1.4932	141.2	99	1.5056	149.1
96	1.4952	143.5	100	1.5129	151.3

（4）CH₃COOH

CH₃COOH 质量分数/%	相对密度 d_4^{20}	溶解度 g/100mL H₂O	CH₃COOH 质量分数/%	相对密度 d_4^{20}	溶解度 g/100mL H₂O
1	0.9996	0.9996	65	1.0666	69.33
2	1.0012	2.002	70	1.0685	74.80
3	1.0025	3.008	75	1.0696	80.22
4	1.0040	4.016	80	1.0700	85.60
5	1.0055	5.028	85	1.0689	90.86
10	1.0125	10.13	90	1.0661	95.95
15	1.0195	15.29	91	1.0652	96.93
20	1.0263	20.53	92	1.0643	97.92
25	1.0326	25.82	93	1.0632	98.88
30	1.0384	31.15	94	1.0619	99.82
35	1.0483	36.53	95	1.0605	100.7
40	1.0488	41.95	96	1.0588	101.6
45	1.0534	47.40	97	1.0570	102.5
50	1.0575	52.88	98	1.0549	103.4
55	1.0611	58.36	99	1.0524	104.2
60	1.0642	63.85	100	1.0498	105.0

（5）NH₃

NH₃ 质量分数/%	相对密度 d_4^{20}	溶解度 g/100mL H₂O	NH₃ 质量分数/%	相对密度 d_4^{20}	溶解度 g/100mL H₂O
1	0.9939	9.94	6	0.9730	58.38
2	0.9895	19.79	8	0.9651	77.21
4	0.9811	39.24	10	0.9575	95.75

续表

NH₃ 质量分数/%	相对密度 d_4^{20}	溶解度 g/100mL H₂O	NH₃ 质量分数/%	相对密度 d_4^{20}	溶解度 g/100mL H₂O
12	0.9501	114.0	22	0.9164	201.6
14	0.9430	132.0	24	0.9101	218.4
16	0.9362	149.8	26	0.9040	235.0
18	0.9295	167.3	28	0.8980	251.4
20	0.9229	184.6	30	0.8920	267.6

（6）NaOH

NaOH 质量分数/%	相对密度 d_4^{20}	溶解度 g/100mL H₂O	NaOH 质量分数/%	相对密度 d_4^{20}	溶解度 g/100mL H₂O
1	1.0095	1.010	26	1.2848	33.40
2	1.0207	2.041	28	1.3064	36.58
4	1.0428	4.171	30	1.3279	39.84
6	1.0648	6.389	32	1.3490	43.17
8	1.0869	8.695	34	1.3696	46.57
10	1.1089	11.09	36	1.3900	50.04
12	1.1309	13.57	38	1.4101	53.58
14	1.1530	16.14	40	1.4300	57.20
16	1.1751	18.80	42	1.4494	60.87
18	1.1972	21.55	44	1.4685	64.61
20	1.2191	24.38	46	1.4873	68.42
22	1.2411	27.30	48	1.5065	72.31
24	1.2629	30.31	50	1.5253	76.27

（7）KOH

KOH 质量分数/%	相对密度 d_4^{20}	溶解度 g/100mL H₂O	KOH 质量分数/%	相对密度 d_4^{20}	溶解度 g/100mL H₂O
1	1.0083	1.008	10	1.0918	10.92
2	1.0175	2.035	12	1.1108	13.33
4	1.0359	4.1144	14	1.1299	15.82
6	1.0544	6.326	16	1.1493	19.70
8	1.0730	8.584	18	1.1688	21.04

续表

KOH 质量分数/%	相对密度 d_4^{20}	溶解度 g/100mL H_2O	KOH 质量分数/%	相对密度 d_4^{20}	溶解度 g/100mL H_2O
20	1.1884	23.77	38	1.3769	52.32
22	1.2083	26.58	40	1.3991	55.96
24	1.2285	29.48	42	1.4215	59.70
26	1.2489	32.47	44	1.4443	63.55
28	1.2695	35.55	46	1.4673	67.50
30	1.2905	38.72	48	1.4907	71.55
32	1.3117	41.97	50	1.5143	75.72
34	1.3331	45.33	52	1.5382	79.99
36	1.3549	48.78			

（8） Na_2CO_3

Na_2CO_3 质量分数/%	相对密度 d_4^{20}	溶解度 g/100mL H_2O	Na_2CO_3 质量分数/%	相对密度 d_4^{20}	溶解度 g/100mL H_2O
1	1.0086	1.009	12	1.1244	13.49
2	1.0190	2.038	14	1.1463	16.05
4	1.0398	4.159	16	1.1682	18.50
6	1.0606	6.364	18	1.1905	21.33
8	1.0816	8.653	20	1.2132	24.26
10	1.1029	11.03			

（四） 常见蛋白质等电点参考值

蛋白质	等电点	蛋白质	等电点
鲑精蛋白 [salmine]	12.1	α-眼晶体蛋白 [α-crystallin]	6.0
鲱精蛋白 [clupeine]	12.1	β-眼晶体蛋白 [β-crystallin]	5.1
鲟精蛋白 [sturline]	11.71	花生球蛋白 [arachin]	3.9
胸腺组蛋白 [thymohistone]	10.8	伴花生球蛋白 [conarrachin]	3.7~5.0
珠蛋白（人） [globin（human）]	7.5	角蛋白类 [keratins]	4.6~4.7
卵清蛋白 [ovalbuin]	4.71；4.59	还原角蛋白 [keratein]	6.5~6.8
伴清蛋白 [conal bumin]	6.8，7.1	胶原蛋白 [collagen]	4.8~5.2
血清清蛋白 [serum albumin]	4.7~4.9	鱼胶 [ichthyocol]	4.7~5.0
肌清蛋白 [myoal bumin]	3.5	白明胶 [gelatin]	4.0~4.1

续表

蛋白质	等电点	蛋白质	等电点
肌浆蛋白〔myogen A〕	6.3	α-酪蛋白〔α-casein〕	4.5
β-乳球蛋白〔β-lactoglobulin〕	5.1~5.3	β-酪蛋白〔β-casein〕	5.8~6.0
卵黄蛋白〔livetin〕	4.8~5.0	γ-酪蛋白〔γ-casein〕	3.83~4.41
γ_1-球蛋白（人）〔γ1-globulin（human）〕	5.8, 6.6,	α-卵清黏蛋白〔α-ovomucoid〕	1.8~2.7
γ_2-球蛋白（人）〔γ2-globulin（human）〕	5.2~5.5	α_1-黏蛋白〔α1-mucoprotein〕	5.5
肌球蛋白 A〔myosin A〕	5.1	卵黄类黏蛋白〔vitellomucoid〕	3.2~3.3
原肌球蛋白〔myosin A〕	5.9	尿促性腺激素〔urinary gonadotropin〕	11.0~11.2
铁传递蛋白〔siderophilin〕	3.4~3.5	溶菌酶〔lyso zyme〕	6.99
胎球蛋白〔fetuin〕	5.5~5.8	肌红蛋白〔myoglobin〕	7.07
血纤蛋白原〔fibrinogen〕	4.8	血红蛋白（人）〔hemoglobin（human）〕	7.23
血红蛋白（鸡）〔hemoglobin（hen）〕	6.92	芜菁黄花病毒〔turnip yellow virus〕	5.3
血红蛋白（马）〔hemoglobin（horse）〕	4.6~6.4	牛痘病毒〔vaccinia virus〕	6.85
血蓝蛋白〔hemerythrin〕	5.6	生长激素〔somatotropin〕	5.73
蚯蚓血红蛋白〔chlorocruorin〕	4.3~4.5	催乳激素〔prolactin〕	5.35
血绿蛋白〔chlorocruorin〕	4.6~6.2	胰岛素〔insulin〕	1.0
无脊椎血红蛋白〔erythrocruorins〕	9.8~10.1	胃蛋白酶〔pepsin〕	8.1
细胞色素 C〔cytochrome C〕	4.47~4.57	糜蛋白酶（胰凝乳蛋白酶〔chymotrypsin〕	4.9
视紫质〔rhodopsin〕	5.2	牛血清清蛋白〔bovine serum albumin〕	7.8

续表

蛋白质	等电点	蛋白质	等电点
促凝血酶原激酶［thromboplastin］	5.5	核糖核酸酶（牛胰）［ribonuclease］	4.58
α - 脂蛋白［α - lipoprotein］	5.4	甲状腺球蛋白［thyroglobulin］	4
β - 脂蛋白［β - lipoprotein］	5.9	β - 卵黄脂磷蛋白［β - lipovitellin］	3.75

（五）元素的相对原子质量表

元素		原子序数	相对原子质量	元素		原子序数	相对原子质量
符号	名称			符号	名称		
Ac	锕	89	227.0278	N	氮	7	14.00674（7）
Ag	银	47	107.8632（2）	Na	钠	11	22.989768（6）
Al	铝	13	26.981539（5）	Nb	铌	41	92.90638（2）
Ar	氩	18	39.948（1）	Nd	钕	60	144.24（3）
As	砷	33	74.92159（2）	Ne	氖	10	20.1797（6）
Au	金	79	196.96654（3）	Ni	镍	28	58.6934（2）
B	硼	5	10.811（5）	Np	镎	93	237.0482
Ba	钡	56	137.327（7）	O	氧	8	15.9994（3）
Be	铍	4	9.012182（3）	Os	锇	76	190.2（1）
Bi	铋	83	208.98037（3）	P	磷	15	30.973762（4）
Br	溴	35	79.904（1）	Pa	镤	91	231.0588（2）
C	碳	6	12.011（1）	Pb	铅	82	207.2（1）
Ca	钙	20	40.078（4）	Pd	钯	46	106.42（1）
Cd	镉	48	112.411（8）	Pr	镨	59	140.90765（3）
Ce	铈	58	140.115（4）	Pt	铂	78	195.08（3）
Cl	氯	17	35.4527（9）	Ra	镭	88	226.0254
Co	钴	27	58.93320（1）	Rb	铷	37	85.4678（3）
Cr	铬	24	51.9961（6）	Re	铼	75	186.207（1）
Cs	铯	55	132.90543（5）	Rh	铑	45	102.90550（3）
Cu	铜	29	63.546（3）	Ru	钌	44	101.07（2）
Dy	镝	66	162.50（3）	S	硫	16	32.066（6）
Er	铒	68	167.26（3）	Sb	锑	51	121.757（3）
Eu	铕	63	151.965（9）	Sc	钪	21	44.955910（9）
F	氟	9	18.9984032（9）	Se	硒	34	78.96（3）
Fe	铁	26	55.847（3）	Si	硅	14	28.0855（3）
Ga	镓	31	69.723（1）	Sm	钐	62	150.36（3）
Gd	钆	64	157.25（3）	Sn	锡	50	118.710（7）
Ge	锗	32	72.61（2）	Sr	锶	38	87.62（7）
H	氢	1	1.00794（7）	Ta	钽	73	180.9479（1）

续表

| 元素 | | 原子序数 | 相对原子质量 | 元素 | | 原子序数 | 相对原子质量 |
符号	名称			符号	名称		
He	氦	2	4.002602（2）	Tb	铽	65	158.92534（3）
Hf	铪	72	178.49（2）	Te	碲	52	127.60（3）
Hg	汞	80	200.59（2）	Th	钍	90	232.0381（1）
Ho	钬	67	164.93032（3）	Ti	钛	22	47.88（3）
I	碘	58	126.90447（3）	Tl	铊	81	204.3833（2）
In	铟	49	114.82（1）	Tm	铥	69	168.9342（3）
Ir	铱	77	192.22（3）	U	铀	92	238.0289（1）
K	钾	19	39.0983（1）	V	钒	23	50.9415（1）
Kr	氪	36	83.80（1）	W	钨	74	183.85（3）
La	镧	57	138.9055（2）	Xe	氙	54	131.29（2）
Li	锂	3	6.941（2）	Y	钇	39	88.90585（2）
Lu	镥	71	174.967（1）	Yb	镱	70	173.04（3）
Mg	镁	12	24.3050（6）	Zn	锌	30	65.39（2）
Mn	锰	25	54.93805（1）	Zr	锆	40	91.224（2）
Mo	钼	42	95.94（1）				

参 考 文 献

1. 李巧枝. 生物化学实验技术. 北京：中国轻工业出版社，2007
2. 何中效. 生物化学实验技术. 北京：化学工业出版社，2004
3. 靳敏，夏玉宇. 食品检验技术. 北京：化学工业出版社，2003
4. 张龙翔，张庭芳等. 生化实验方法和技术（第二版）. 北京：高等教育出版社，2003
5. 杨安钢，毛积芳等. 生物化学与分子生物学实验技术. 北京：高等教育出版社，2001
6. 梁宋平. 生物化学与分子生物学实验教程（第三版）. 北京：高等教育出版社，2003
7. 魏群. 生物工程技术实验指导. 北京：高等教育出版社，2002
8. 陈毓荃. 生物化学实验方法和技术. 北京：科学出版社，2002
9. 董晓燕. 生物化学实验. 北京：化学工业出版社，2003
10. 袁道强，黄建华. 生物化学实验和技术. 北京：中国轻工业出版社，2006
11. 王大宁，董益阳等. 农药残留检测与监控技术. 北京：化学工业出版社，2006
12. 韦庆益，高建华，袁尔东. 食品生物化学实验. 广州：华南理工出版社，2012